DEUTSCHE AKADEMIE DER WISSENSCHAFTEN ZU BERLIN

VERÖFFENTLICHUNGEN DER STERNWARTE BABELSBERG

Band XIII

AKADEMIE-VERLAG · BERLIN
1961

INHALT

DEUTSCHE AKADEMIE DER WISSENSCHAFTEN ZU BERLIN

Veröffentlichungen der Sternwarte Babelsberg
Band XIII, Heft 7

JULIUS DICK

MIKROMETERMESSUNGEN VON EROS WÄHREND DER OPPOSITION 1937/38

AKADEMIE-VERLAG · BERLIN
1961

Erschienen im Akademie-Verlag GmbH, Berlin W 8, Leipziger Straße 3—4
Copyright 1961 by Akademie-Verlag GmbH, Berlin
Alle Rechte vorbehalten
Lizenz-Nr. 202 · 100/491/61
Gesamtherstellung: VEB Druckerei „Thomas Müntzer" Bad Langensalza
Bestellnummer: 2077/7
Preis: DM 16,50
Printed in Germany
ES 18 D 3

INHALTSVERZEICHNIS

I. Einführung

Im Gegensatz zu den mannigfachen Planungen über die Durchführung korrespondierender Beobachtungen, über die Bestimmung von Vergleichsternörtern und über andere Formen der Gemeinschaftsarbeit, die der Erosopposition 1930/31 lange vorausgegangen waren, ermangelte die nächstfolgende günstige Opposition des Winters 1937/38 jeglicher Art gemeinsamer Vorbereitung und Vorarbeit. Es gab keine Empfehlungen über die Methodik der Beobachtungen, es lagen keine Vereinbarungen von Sternwarten über Zusammenarbeit vor, und es fehlte vor allem eine Liste oder gar ein genauer Katalog der allseitig zu benutzenden Vergleichsterne. Der Grund für das geringere Interesse, das man der Opposition 1937/38 in breiten Kreisen entgegenbrachte, mag vielleicht in der freilich geringfügigen Vergrößerung der minimalen Erdentfernung — von 0.17 auf 0.21 a. E. — gegenüber 1930/31 gesucht werden, zu einem Teil daneben auch in der Tatsache, daß man noch vollauf mit der Auswertung der letztgenannten Opposition beschäftigt war. Wenn in Babelsberg trotz dieser allgemeinen Tendenz die visuelle Durchbeobachtung einer neuerlichen Reihe erwogen und dieser Plan dann auch durch E. Wahl sowie den Unterzeichneten als Beobachter in die Tat umgesetzt wurde, so waren dafür einmal die Erfahrungen maßgebend, die hier bei der Reduktion der Beobachtungen von G. Struve und G. Schneider anläßlich der Opposition 1930/31 über eine zweckmäßige praktische Anlage der Messungen sowie deren technische Durchführung am Instrument gesammelt worden waren und die man in der neuerlichen Opposition nutzbringend zu verwerten hoffen durfte. Wesentlich mitbestimmend war zum anderen die Tatsache, daß 1937/38 zufolge der ganz anders gearteten Sichtbarkeitsverhältnisse Beobachtungen an einem einzelnen Instrument in Ost- und Weststundenwinkeln günstigere Voraussetzungen zur Parallaxenbestimmung boten als 1930/31, wo wegen des Steilabfalls der scheinbaren Planetenbahn vornehmlich korrespondierende Messungen an Instrumenten der Nord- und Südhalbkugel ins Auge gefaßt gewesen waren.

II. Instrument und Ausführung der Beobachtungen

Der zu den Beobachtungen benutzte 65 cm-Refraktor von Zeiss darf aus früheren Veröffentlichungen als hinreichend bekannt vorausgesetzt werden. Das Positionsfadenmikrometer der gleichen Firma besitzt eine doppelte Okularverschiebung: Die erste gestattet, das Okular fast über den ganzen Mikrometerkasten hinweg längs des langen Transversalfadens in Richtung der Meßschraube zu führen, die zweite kürzere ermöglicht, das Okular an jeder Stelle der eben genannten Bewegung senkrecht zu ihr in Richtung der drei beweglichen Mikrometerfäden zu verschieben, deren gegenseitiger Abstand je rund 6′ beträgt. So können Positionswinkelmessungen notfalls noch bei einem Abstand der beiden Objekte von etwa 23′ ausgeführt werden; Distanzmessungen sind unter Heranziehung der drei festen wiederum je etwa 6′ voneinander abstehenden Fäden im Hinblick auf die Länge (45 mm) und Steighöhe (2/3 mm) der Meßschraube äußerstenfalls bis zu 15′ möglich. Zwei im Innern des Fernrohrtubus unweit des Objektivs angebrachte und die rückwärtige Linsenfläche anstrahlende Schwachstromlämpchen geben je nach Wahl gelblichweiße oder farbige, im allgemeinen rote Feldbeleuchtung; beide können durch einen Drehwiderstand am Tubusende moderiert werden. Die Fadenbeleuchtung im dunklen Feld wird durch vier in den Ansatzstutzen des Mikrometerkastens eingelassene Lämpchen bewirkt; in ihren Lichtweg mittels einer mechanischen Zugvorrichtung einschaltbare Farbscheibchen erlauben eine Abstufung von hellweiß bis schwachdunkelrot.

Die Beobachtungen der ganzen Reihe bestehen durchweg aus Mikrometermessungen der rechtwinkligen Koordinaten von Eros gegen benachbarte Sterne; dabei wird x in der Richtung des Parallels, y in der Richtung des Stundenkreises gezählt. Es wurde angestrebt, entsprechend den Gepflogenheiten bei Doppelsternmessungen tunlichst nur Doppeldistanzen $2x$ und $2y$ zu messen; dies konnte auch mit verschwindenden Ausnahmen erreicht werden, bei denen das Fehlen eines genügend nahen und geeigneten Vergleichsterns zur Überbrückung größerer Distanzen, notfalls unter Okularverschiebung, mit Messung von Koinzidenzen beweglicher und fester Fäden nötigte. Freilich konnte das Ziel der Messung von Doppeldistanzen meist nur durch Heranziehung schwächerer Vergleichsterne erreicht werden, die zwar bei der Lichtstärke des Instruments keine Schwierigkeiten boten, deren sichere Positionskenntnis aber eine Neuvermessung auf ad hoc gewonnenen Aufnahmen zur Voraussetzung haben mußte.

Es ist darum hier der Ort, mit besonderer Dankbarkeit der Tatsache zu gedenken, daß Prof. Schorr sich auf Bitte sofort bereiterklärte, die scheinbare Erosbahn in Bergedorf in gleicher Weise wie 1930/31 mit Platten überdecken zu lassen. Die Aufnahmen erfolgten noch während der Opposition an dem AG-Astrographen durch Prof. Kruse, die Ausmessung allerdings mußte ob anderweitiger Inanspruchnahme damals zurückgestellt werden. Dank eines liebenswürdigen Anerbietens Prof. Brouwers konnte sie nach der Übersendung der Platten an das Yale Observatory dort durch Prof. Land erfolgen. Aller Herren Unterstützung sei hier mit besonderem Dank verzeichnet.

Eine vollständige Erosbeobachtung bestand aus je zwei einander abwechselnden Messungssätzen in beiden Koordinaten, fast immer mit der x-Koordinate beginnend, der die y-Koordinate, darauf abermals die x-Koordinate und endlich noch einmal die y-Koordinate folgte. Dies Verfahren bot die Gewähr, daß die bei der Reduktion der einen Koordinate erforderliche Kenntnis der anderen mittels linearer Interpolation streng verbürgt war; bei der Reduktion der Beobachtungen von 1930/31, wo übrigens immer nur Einfachdistanzen gemessen worden waren, hatte die y-Koordinate extrapolatorisch geschätzt werden müssen, da deren einziger Messungssatz von den beiden x-Sätzen umrahmt war. Bei Messung von Doppeldistanzen bestand der einzelne Messungssatz aus je vier bis fünf Pointierungen vor und nach dem Durchdrehen der Meßschraube, bei Einfachdistanzen traten acht bis zehn Einzelpointierungen und zweifache Koinzidenzmessungen in jeder Koordinate an deren Stelle. Vor jedem Satz wurde der in Richtung des Parallels bzw. senkrecht dazu eingestellte Positionskreis des Mikrometers an den beiden Mikroskopen auf ein Zehntel Bogenminute abgelesen. Die Fixierung der Pointierungszeiten erfolgte nach Zuruf des Beobachters am Fernrohr durch den zweiten Beobachter an einem nach Sternzeit gehenden Sekundenzifferblatt, das am Kuppelpult angebracht ist, im allgemeinen auf ganze Sekunden genau, gelegentlich sind halbe Sekunden eingeschätzt worden. Der Stand des Zifferblatts wurde allabendlich durch Vergleich mit der Hauptuhr ermittelt. Folgerichtig oblag so dem Beobachter am Pult auch die gesamte Führung des Beobachtungsbuches während der Messung, um den Fernrohrbeobachter von jeder nicht unmittelbar mit den Bisezierungen zusammenhängenden Arbeit zu entlasten und seine Augen zu schonen; nach Abschluß der vollständigen Beobachtung wechselten Fernrohr- und Pultbeobachter.

In Messungspausen sind zur eventuellen Unterstützung anderwärts gewonnener photometrischer Reihen differentielle Helligkeitsschätzungen von Eros gegen den Vergleichstern oder andere Nachbarsterne vorgenommen worden. In den Zeiten der größten Erdnähe wurde besonders darauf geachtet, eine Bestätigung der von VAN DEN BOS und FINSEN 1931 beobachteten Länglichkeit bzw. Duplizität des Planetoiden erhalten zu können; in der Tat war, freilich unter schwierigen Bedingungen, diesen Bemühungen an einigen Abenden ein Erfolg beschieden.

Grundsätzlich ist während der ganzen Reihe ein in das Okular einschraubbares Gelbfilter GG 11 benützt worden, um jede Möglichkeit einer Beeinflussung der Messungen durch unterschiedliche Auffassung der gegebenenfalls verschiedenfarbigen Lichtschwerpunkte von Stern und Eros oder aus differentieller atmosphärischer Dispersion herrührende systematische Fehler auszuschalten.

Bei Doppeldistanzmessungen ist je nach den Gegebenheiten des Abends ein Orthoskopokular mit 25 mm bzw. 40 mm Brennweite, entsprechend 420 oder 260facher Vergrößerung, benutzt worden, Einfachdistanzmessungen konnten verständlicherweise immer nur mit 260facher Vergrößerung erhalten werden.

III. Instrumentaluntersuchungen

Der Zweck der Beobachtungen sowie der Charakter der differentiellen Anschlüsse machten es erforderlich, mit den Messungen eine sehr sorgfältige Bestimmung der instrumentellen Konstanten parallel gehen zu lassen. Die Untersuchungen hatten sich auf das Instrument selbst sowie auf das Mikrometer zu erstrecken, betrafen also die Aufstellung des Refraktors, die genaue Ermittlung der Nullpunktskorrektion des Positionskreises in den verschiedenen Stundenwinkeln, Deklinationen und Lagen des Instruments sowie endlich die Prüfung der Meßschraube und die Bestimmung ihres Schraubenwertes. Um die Reihe selbst möglichst wenig zu beeinträchtigen, waren die Instrumentaluntersuchungen tunlichst vor Beginn und nach Abschluß durchzuführen. Allein die Bestimmung des Schraubenwertes, die mit Hilfe des Perseusbogens vorgenommen wurde, mußte ebenfalls in den Wintermonaten erfolgen; doch wurde hierfür die Messungspause benutzt, die zwischen den eigentlichen Reihenbeobachtungen im großen östlichen und westlichen Stundenwinkel lag. Wie die Messungen selbst, wurden auch die Instrumentaluntersuchungen in wechselweisem Einsatz beider Beobachter vorgenommen, die Reduktionsarbeit ist jedoch hier wie dort von dem Unterzeichneten allein geleistet worden.

A. Aufstellung des Instruments

Da alle nach der definitiven Berichtigung des Refraktors erhaltenen Aufstellungsbestimmungen früherer Jahre die außerordentliche Stabilität des Instruments bewiesen und bei sämtlichen Konstanten immer nur unwesentliche Änderungen ergeben hatten, ward es für hinreichend erachtet, für die Zwecke der Erosreihe auf eine Aufstellungsbestimmung zurückzugreifen, die ein Jahr zuvor gelegentlich eines Studienaufenthaltes von Prof. SCHÜRER aus Bern von ihm und dem Unterzeichneten erhalten worden war. An zwei Beobachtungsabenden, 1936 September 11/12 und September 14/15, waren je 26 Sterne in der Nähe des Meridians, über seine ganze Ausdehnung vom Nord- zum Südpunkt verteilt, in beiden Lagen des Instruments eingestellt und die jedesmaligen Ablesungen des Stunden- und Deklinationskreises mittels der in Okularnähe angebrachten Ableserohre ermittelt worden. Der Deklinationskreis konnte auf $\frac{1}{4}$ Bogenminute erhalten, der Durchgang der beweglichen Nullmarke durch den Stundenkreisteilstrich auf ein bis zwei Zeitsekunden beobachtet werden. Es bezeichnen nun D und T die Ablesungen am Deklinations- bzw. Stundenkreis in der Instrumentenlage Achse voran — nach Babelsberger Sprachgebrauch Lage I —, D' und T' mögen die gleiche Bedeutung für Lage II, Achse folgt, haben; Θ und Θ' seien die entsprechenden Sternzeiten. Weiter mögen die folgenden Kennzeichnungen der Unbekannten eingeführt werden. Es symbolisieren ΔD und ΔT die Indexfehler von Deklinations- bzw. Stundenkreis, ξ und η die positiv nach Süden bzw. nach Westen gerechneten Abweichungen des Instrumentenpols vom wahren Himmelspol, e und ε die Biegungen des Fernrohrtubus und der Deklinationsachse, positiv gerechnet bei stärkerer Durchbiegung der das Objektiv tragenden Tubushälfte bzw. des das Fernrohr tragenden Achsenendes, db die Kollimation der Absehenslinie, endlich $90° + dc$ den Neigungswinkel zwischen Deklinations- und Polachse. Seien ferner α und δ die scheinbaren Örter der benutzten Sterne, φ die Polhöhe, und k die Refraktionskonstante im Winkelmaß — der Einfluß der täglichen Aberration darf im Hinblick auf die geringe Genauigkeit der Kreisablesungen vernachlässigt werden —, so können die Konstanten der Aufstellung aus den folgenden drei getrennt zu behandelnden Gruppen von Gleichungen durch Ausgleichung ermittelt werden:

Ob. Kulm. $\delta < \varphi$: $\xi + e \sin z = 90° - \delta - k \operatorname{tg} z - \frac{1}{2}(D' - D)$ wo $z = \varphi - \delta$

$\delta > \varphi$: $\xi - e \sin z = 90° - \delta + k \operatorname{tg} z - \frac{1}{2}(D' - D)$ $\quad z = \delta - \varphi$

Unt. Kulm. : $\xi - e \sin z = \frac{1}{2}(D' - D) - (90° - \delta) + k \operatorname{tg} z$ $\quad z = 180° - (\varphi + \delta)$

$$\Delta D = 90° - \frac{1}{2}(D + D')$$

Ob. Kulm.: $\Delta T + \eta \operatorname{tg} \delta = \frac{1}{2}(\Theta + \Theta') - \alpha + 6^h - \frac{1}{2}(T + T')$

$$+ \frac{1}{2}\{(\text{Red. a. d. Mer.})_{\Theta} + (\text{Red. a. d. Mer.})_{\Theta'}\}$$

Unt. Kulm.: $\Delta T - \eta \operatorname{tg} \delta = \frac{1}{2}(\Theta + \Theta') - \alpha + 6^h - \frac{1}{2}(T + T')$

$$+ \frac{1}{2}\{(\text{Red. a. d. Mer.})_{\Theta} + (\text{Red. a. d. Mer.})_{\Theta'}\}$$

Ob. Kulm.: $db - (dc - \varepsilon \sin \varphi) \sin \delta + \varepsilon \cos \varphi \cos \delta = \left\{\frac{1}{2}(\Theta' - \Theta) + 6^h - \frac{1}{2}(T' - T)\right\} \cos \delta$

$$+ \frac{1}{2}\{(\text{Red. a. d. Mer.})_{\Theta'} - (\text{Red. a. d. Mer.})_{\Theta}\} \cos \delta$$

Unt. Kulm.: $db - (dc - \varepsilon \sin \varphi) \sin \delta - \varepsilon \cos \varphi \cos \delta = \left\{\frac{1}{2}(\Theta' - \Theta) + 6^h - \frac{1}{2}(T' - T)\right\} \cos \delta$

$$+ \frac{1}{2}\{(\text{Red. a. d. Mer.})_{\Theta'} - (\text{Red. a. d. Mer.})_{\Theta}\} \cos \delta$$

Die in diesen Beziehungen mit (Red. a. d. Mer.) bezeichnete Größe ist eine vom Stundenwinkel abhängige, aber nur für höhere Deklinationen, $\delta > 75°$ merkliche Korrektion. Sie hat den Ausdruck:

$$(\text{Red. a. d. Mer.})_{\Theta} = \frac{1}{15}(\xi - e \cos \varphi - k \operatorname{ctg} \varphi) \sin (\Theta - \alpha) \sec \delta$$

gleichermaßen gültig für Θ', und darf wegen des in Polnähe großen $\sec \delta$ dann selbst bei kleinen Stundenwinkeln nicht vernachlässigt werden.

Die Ausgleichung ergab für die beiden Beobachtungstage:

1936 Sept. 11/12 D

$\xi = -57''.7 \pm 1''.4$ $\eta = -44''.9 \pm 0''.6$ $e = -7''.1 \pm 2''.1$ $\Delta D = -239'' \pm 2''$

$db = +5^s.55 \pm 0^s.60$ $dc = +1^s.49 \pm 0^s.96$ $\varepsilon = +5^s.66 \pm 0^s.94$ $\Delta T = -2^s.0 \pm 0^s.6$

Sept. 14/15 Sch

$\xi = -60''.7 \pm 1''.7$ $\eta = -50''.1 \pm 0''.4$ $e = -8''.2 \pm 2''.6$ $\Delta D = -244'' \pm 2''$

$db = +6^s.08 \pm 0^s.66$ $dc = +2^s.59 \pm 1^s.06$ $\varepsilon = +6^s.30 \pm 1^s.03$ $\Delta T = -3^s.2 \pm 0^s.4$

Hieraus folgen als Endergebnis der Aufstellungsbestimmung die folgenden Werte der Instrumentalkonstanten:

$\xi = -58''.9 \pm 1''.1$ $\eta = -48''.5 \pm 0''.3$ $e = -7''.5 \pm 1''.6$ $\Delta D = -241'' \pm 2''$

$db = +5^s.79 \pm 0^s.45$ $dc = +1^s.99 \pm 0^s.72$ $\varepsilon = +5^s.95 \pm 0^s.70$ $\Delta T = -2^s.9 \pm 0^s.3$

Auch diese Aufstellungsbestimmung bestätigte erneut die Stabilität des Refraktors und rechtfertigte somit die Beibehaltung dieser Konstanten für Zwecke der ein Jahr später begonnenen Erosreihe.

B. Bestimmung der Richtung des Parallels am Positionskreis

Das auf Messungen rechtwinkliger Koordinatendifferenzen beruhende Anschlußverfahren setzt die genaue Festlegung des wahren Parallels voraus und erfordert mithin eine präzise Kenntnis der Korrektion der jeweiligen Positionskreiseinstellung. Durchgängig ist daher, immer in wechselweisem Einsatz der beiden Beobachter, in einigen wenigen vor Beginn der Reihe gewonnenen und in zahllosen sich nach Abschluß der Reihe bis in den Spätsommer 1938 hinein erstreckenden Messungen die Richtung der täglichen Bewegung auf mikrometrischem Wege nach der von H. Struve gegebenen Methode ermittelt worden. Ihr Wesen besteht in folgendem. Man stellt durch Drehen des Mikrometerkastens den beweglichen Mikrometerfaden nahezu in die Richtung der täglichen Bewegung und liest nach Klemmung den Positionskreis an den beiden Mikroskopen ab; das Mittel der Ablesung sei, in Bogenminuten ausgedrückt, P_e. Sodann bringt man einen Stern, dessen Deklination δ mit genügender Genauigkeit durch Ablesung am Deklinationskreis erhalten wird, auf die Ostseite des Gesichtsfeldes nahe dem Meßfaden und macht, um die Refraktionsänderung nicht wirksam werden zu lassen, in rascher Folge einen Satz von vier bis fünf Bisezierungen; das Mittel der jeweiligen Schraubentrommelablesungen sei O. Nunmehr wird das Uhrwerk angehalten, bis der Stern in einer am Sekundenzifferblatt abzulesenden Zeitspanne $d\tau$ auf die Westseite des Gesichtsfeldes gelaufen ist — währenddessen ist der Stundenwinkel der Beobachtung am Stundenkreis abzulesen —, sodann wird bei wieder laufendem Uhrwerk auf der Westseite des Gesichtsfeldes abermals ein Satz von vier bis fünf Pointierungen mit dem Trommelmittel W erhalten. Der Quotient der Differenz $W-O$, mit Hilfe des ob ihrer Kleinheit nicht mit allerstrengster Genauigkeit als bekannt vorauszusetzenden Schraubenwertes in Bogensekunden übergeführt, und der Laufstrecke des Sterns in gleicher Einheit, $15\, d\tau \cos \delta$, gibt in dem mit der trigonometrischen Tangente gleichzusetzenden Absolutmaß des Winkels die Verbesserung, die aus P_e die dem scheinbaren Parallel zugehörige Ablesung P_s des Positionskreises herzuleiten erlaubt. Es ist also in Bogenminuten:

$$P_s = P_e + dP_e = P_e + \frac{(W-O)\cdot 1^R}{15\, d\tau \cos \delta \sin 1'}.$$

Um aus dem scheinbaren den wahren Parallel zu bekommen, bedarf es der Berücksichtigung der Refraktionsänderung in dem Zeitintervall dt zwischen den Mitteln der Pointierungszeitpunkte auf der Ost- und Westseite des Gesichtsfeldes. Hierzu erinnere man sich, daß eine Deklinationsdifferenz $\Delta\delta$ sich infolge der Refraktion in einer Zeitspanne dt, bei dem Durchlaufen eines Stundenwinkels dt, um den Betrag

$$\text{Refr}\,(\Delta\delta) = k \frac{\cos N \operatorname{ctg} n}{\sin^2 (N + \delta)}\, dt$$

ändert, unter k die Refraktionskonstante verstanden. Folgen jetzt die einzelnen Pointierungen auf den beiden um die Laufstrecke $d\tau \cos \delta$ voneinander entfernten Gesichtsfeldseiten rasch und vor allem in nahezu gleichen Zeitintervallen aufeinander, so ergibt sich mit genügender Genauigkeit hieraus der Einfluß der Refraktion auf den Positionswinkel, d. h. die Reduktion vom scheinbaren auf den wahren Parallel zu:

$$\text{Refr}\,(p) = -\, k \frac{\cos N \operatorname{ctg} n}{\sin^2 (N + \delta)} \frac{dt}{d\tau \cos \delta}.$$

Man erhält so als Positionskreisablesung für den wahren Parallel:

$$P_w = P_s + \text{Refr}\,(p) = P_s - k \frac{\cos N \operatorname{ctg} n}{\sin^2 (N + \delta)} \frac{dt}{d\tau \cos \delta},$$

wo k in Bogenminuten, dt und $d\tau$ in Zeitsekunden auszudrücken sind. Der so für einen beliebigen Punkt der Sphäre ermittelte Ablesungswert P_w könnte als für die ganze Sphäre gültig angesehen werden, wenn Pol des Instruments und Himmelspol identisch und instrumentelle Fehler nicht vorhanden wären. Die Nichterfüllung dieser Voraussetzung, also die Existenz der genannten Fehlerquellen bzw. die durch sie hervorgerufene kleine Bewegung des Sterns im Gesichtsfeld senkrecht zum Parallel, erfordert eine weitere Korrektur und hat zur Folge, daß die Nullpunktsablesungen P_w von Punkt zu Punkt der Sphäre verschieden sind. Um sie miteinander vergleichbar zu machen, muß P_w noch um den Einfluß der Aufstellungsfehler $\xi\ \eta$ und der Biegung e des Tubus verbessert werden; die restlichen Instrumentalfehler erzeugen bei der für die vorliegenden Zwecke gewählten Methode zonaler Nullpunktsbestimmungen, also bei festgehaltenem δ, nur eine additive Konstante, die, wie sogleich auszuführen, bei der Reduktion der Reihenbeobachtungen mit entgegengesetztem Vorzeichen anzubringen ist und darum übergangen werden kann. Da allgemein:

$$dp = \{(\xi - e \cos \varphi \sin \delta) \sin t - \eta \cos t\} \ \sec \delta$$

ist, folgt als Verbesserung der Positionskreisablesung für den wahren Parallel an Hand der Beobachtungen:

$$dP_w = \{(\xi - e \cos \varphi \sin \delta) \sin t - \eta \cos t\} \frac{dt - d\tau}{d\tau \cos \delta},$$

und man erhält endgültig:

$$P_0 = P_e + \frac{(W - O) \cdot 1^R}{15\, d\tau \cos \delta \sin 1'} - k \frac{\cos N \operatorname{ctg} n}{\sin^2 (N + \delta)} \frac{dt}{d\tau \cos \delta}$$
$$+ \{(\xi - e \cos \varphi \sin \delta) \sin t - \eta \cos t\} \frac{dt - d\tau}{d\tau \cos \delta},$$

wo jetzt auch ξ, η und e in Bogenminuten auszudrücken sind.

Bei Fehlerfreiheit der Ausgangsbeobachtungen und sicherer Kenntnis der Aufstellungs- und Instrumentaleinflüsse müßten die zonal an irgendwelchen Punkten der Sphäre bestimmten Ablesungswerte P_0 miteinander übereinstimmen und eine Art Normalnullpunkt ergeben. Ist das nicht der Fall, so gehen die Unstimmigkeiten zu Lasten von Ungenauigkeiten der genannten Art, sofern die Ergebnisse nicht zusätzlich noch durch analytisch kaum erfaßbare Torsionseinwirkungen des Fernrohrtubus verfälscht werden. Da diese Torsionseffekte für weit auseinanderliegende Himmelsgegenden recht unterschiedlich sein können, tut man am besten, den Normalnullpunkt für räumlich nicht zu eng begrenzte zonale Himmelsareale zu ermitteln, seinen Verlauf in ihnen graphisch aufzutragen und einem durch die Punkte ungezwungen hindurchgelegten Kurvenzug die Einzelwerte von P_0 zu entnehmen. Diese letzteren müssen dann durch rückwärtige Anbringung von $-dp$ wieder in Ablesungen des wahren Parallels übergeführt werden, wie sie bei der Reduktion der Reihenbeobachtungen längs der ganzen scheinbaren Erosbahn benötigt werden:

$$P_w = P_0 - dp\,.$$

Es hat so vielleicht den Anschein, daß es des Umwegs über P_0 gar nicht erst bedurft habe, um die erforderlichen P_w zu bekommen, daß es vielmehr genügen könnte, nur für die Punkte der Erosbahn die Positionskreisablesungen des wahren Parallels zu bestimmen. In der Tat ist dieser Weg auch gangbar; man darf aber nicht übersehen, daß das Verfahren der Herleitung von P_w über einen Normalnullpunkt, der auf einer größeren Zahl von Messungen und dadurch einem gesicherten Kurvenverlauf beruht, eine höhere Genauigkeit verbürgt und darum dem Weg der Einzelbestimmung für singuläre Punkte vorzuziehen ist.

Nach den soeben entwickelten Grundsätzen sind die Parallelbestimmungen im Einklang mit den Gegebenheiten der scheinbaren Erosbahn durchgeführt worden. In Lage II, Achse folgt, wurden Sterne der Deklinationsbereiche $+60°$ und $+50°$ zwischen -6^h Stundenwinkel und dem Meridian ausgewählt; in der für den Großteil der Reihe benutzten Lage I, Achse voran, sind in ähnlicher zonaler Abstufung Sterne der Westhälfte der Sphäre, in niederen Deklinationen auch nach Osten über den Meridian hinausgreifend, herangezogen worden. Die aus den Beobachtungen errechneten Werte von P_0 wurden getrennt für jede Deklinationszone mit dem Stundenwinkel als Argument aufgetragen, sodann leicht durch einen Kurvenzug verbunden und diesem die endgültigen Werte des zonalen Nullpunkts in stundenweiser Staffelung entnommen. So ergaben sich schließlich nach Hinzufügung von $-dp$ die in Tabelle 1 enthaltenen Positionskreisablesungen für den wahren Parallel.

Tabelle 1. Wahrer Parallel

t	Lage II		Lage I						t
	$\delta = +60°$	$\delta = +50°$	$\delta = +60°$	$\delta = +50°$	$\delta = +30°$	$\delta = +20°$	$\delta = +10°$	$\delta = 0°$	
-6^h	89°32′10	89°30′64							-6^h
−5	30.49	29.49							−5
−4	29.31	28.63							−4
−3	28.48	28.06					89°24′23	89°25′17	−3
−2	27.93	27.76			89°25′91	89°26′57	25.95	26.59	−2
−1	27.60	27.72			27.25	27.71	27.41	27.92	−1
0					28.38	28.81	28.66	29.18	0
+1			89°24′94	89°26′81	29.39	29.86	29.74	30.35	+1
+2			26.85	28.44	30.29	30.86	30.70	31.43	+2
+3			28.49	29.84	31.11	31.79	31.56	32.41	+3
+4			29.91	31.04		32.63	32.37		+4
+5			31.12	32.06					+5
+6			32.14	32.92					+6

Durch Interpolation sind hieraus später für jeden Punkt der Erosbahn die in ihm für die Reduktion der differentiellen Anschlüsse benötigten Werte von P_w entnommen worden.

C. Untersuchung der Mikrometerschraube

Zur Untersuchung der Meßschraube wurde das Mikrometer vor Beginn der Reihe abgenommen und von dem Unterzeichneten eine Bestimmung der fortschreitenden Schraubenfehler während der Tage 1937 September 23 bis 28 auf einer Drehbank in der Werkstatt der Sternwarte in horizontaler Lage des Mikrometerkastens durchgeführt. Periodische Fehler spielen bei modernen Mikrometern kaum eine Rolle mehr, in Übereinstimmung damit hatten diesbezügliche frühere Untersuchungen die Schraube als von ihnen praktisch frei erkennen lassen. Auf den Mikrometerschlitten wurde eine versilberte Glasplatte aufgelegt, in die in unterschiedlichen Abständen feine Striche eingeritzt waren. An dem Support der Drehbank war unmittelbar über der Glasplatte ein einfaches Meßmikroskop angeschraubt, das mittels des Supports bequem in jede gewünschte Lage zum Schlitten und der Glasplatte gebracht werden konnte. Wegen des Gesamtmeßbereichs der Schraube

Tabelle 2

Intervall	4^R	5^R	9^R	10^R	12^R	16^R	17^R	21^R	25^R	26^R
$f(2)$	+273					+204				
$f(4)$		+212		+220						
$f(6)$	+221									
$f(7)$			+169							
$f(8)$										+164
$f(9)$		+169							+150	
$f(10)$	+171				+162					
$f(13)$								+136		
$f(14)$	+129	+126		+136						
$f(16)$			+103							
$f(17)$							+ 63			
$f(18)$	+ 91					+ 94				
$f(19)$		+ 90								
$f(22)$	+ 59				+ 66					
$f(24)$		+ 53		+ 70						
$f(25)$			+ 49							
$f(26)$	+ 33									
$f(29)$		+ 20								
$f(30)$	+ 4									
$f(34)$	0	0	0	0	0	0	0	0	0	0
$f(38)$	+ 27									
$f(39)$		+ 12								
$f(42)$	+ 55									
$f(43)$			+ 5							
$f(44)$		+ 19		− 6						
$f(46)$	+ 85				+ 10					
$f(49)$		+ 58								
$f(50)$	+133					+ 40				
$f(51)$							+63			
$f(52)$			+ 85							
$f(54)$	+174	+116		+ 99						
$f(55)$								+136		
$f(58)$	+211				+162					
$f(59)$		+162							+150	
$f(60)$										+164
$f(61)$			+169							
$f(62)$	+239									
$f(64)$		+212		+220						
$f(66)$	+273					+204				

von 69^R war es möglich, Strichintervalle der Glasplatte von ungefähr 4, 5, 9, 10, 12, 16, 17, 21, 25 und 26 Revolutionen über die ganze Schraubenlänge hinweg symmetrisch zur Mitte zu vermessen. Jede Intervallmessung wurde von fünf die volle Revolution symmetrisch und äquidistant umgebenden Trommelstellungen aus vorgenommen, um jeder Gefahr einer Verfälschung durch periodische Fehler aus dem Wege zu gehen. Die großen Intervalle sind mit Bedacht hinzugenommen worden; der leitende Gedanke dabei war, durch sie die Fehler der Endbezirke der Schraube mit denen der Schraubenmitte in eine unmittelbarere und engere Verbindung zu bringen, als dies bei den kleinen Intervallen wegen der Aufsummierung von Meßfehlern nach der Schraubenmitte hin möglich ist. Bezogen auf die als fehlerfrei angesehene Mitte 34^R, resultierten aus der Ausmessung der genannten Intervalle die nebenstehenden an die Ablesung R anzubringenden Verbesserungen $f(R)$ für fortschreitende Fehler, ausgedrückt in Einheiten der vierten Dezimale (siehe Tabelle 2).

Der graphischen Auftragung dieser Einzelwerte und ihrer Verbindung durch einen zur Mitte im wesentlichen symmetrischen Kurvenzug wurden sodann von Revolution zu Revolution die Korrektionen entnommen. Um deren absolute Beträge nicht zu stark anwachsen zu lassen, wurde die Null-Linie durch die Verbesserung $+0\overset{R}{.}01$ gelegt und größere Korrektionsbeträge positiv, kleinere negativ gewertet. So ergaben sich die folgenden endgültigen Werte der Verbesserungen für fortschreitende Schraubenfehler:

R			R		
$f(0) =$	$+0\overset{R}{.}0168$		$f(68) =$	$+0\overset{R}{.}0183$	
1	+	150	67	+	160
2	+	134	66	+	141
3	+	120	65	+	125
4	+	108	64	+	112
5	+	98	63	+	100
6	+	89	62	+	89
7	+	80	61	+	80
8	+	72	60	+	71
9	+	64	59	+	63
10	+	56	58	+	55
11	+	49	57	+	47
12	+	41	56	+	39
13	+	33	55	+	30
14	+	26	54	+	19
15	+	18	53	+	8
16	+	11	52	—	4
17	+	3	51	—	17
18	—	4	50	—	29
19	—	11	49	—	42
20	—	19	48	—	53
21	—	26	47	—	62
22	—	33	46	—	70
23	—	41	45	—	76
24	—	48	44	—	81
25	—	56	43	—	85
26	—	63	42	—	89
27	—	70	41	—	92
28	—	77	40	—	94
29	—	83	39	—	96
30	—	89	38	—	97
31	—	94	37	—	98
32	—	97	36	—	99
33	—	99	35	—	100
34	—	100	34	—	100

D. Bestimmung des Winkelwerts der Meßschraube

Unter den mannigfachen Möglichkeiten, den Revolutionswert der Schraube eines Positionsfadenmikrometers zu bestimmen, ist die wohl meistbenutzte die Ausmessung der Deklinationsdifferenz der beiden Endsterne des Perseusbogens, in der Literatur kurz mit AZ Persei bezeichnet. Zwar ist im Vergleich mit anderen hierfür in Vorschlag gebrachten sphärischen Bögen der Betrag von 18ʹ.6 der Deklinationsdifferenz nicht eben besonders groß; der Perseusbogen bietet aber den Vorteil, durch acht Zwischensterne in fast äquidistante Intervalle von nur 2ʹ unterteilt zu werden, deren Ausmessung bei laufendem Uhrwerk unter Einstellung des Meßfadens parallel zur Richtung der täglichen Bewegung ohne Schwierigkeiten möglich ist. Da der Perseusbogen nur in den Wintermonaten beobachtet werden kann, mußte seine Heranziehung zeitlich mit der eigentlichen Reihe parallel gehen. Doch bedingte dies keine Beeinträchtigung der letzteren, da, wie bereits ausgeführt, wegen der Gegebenheiten der Erosbahn die Beobachtungen zur Bestimmung des Schraubenwertes in der Messungspause während des Meridiandurchgangs des Planetoiden in hohen Deklinationen vorgenommen werden konnten.

Benötigt man zur Ableitung eines Revolutionswertes Unterlagen über eine sphärische Bogengröße, so ist es allgemein üblich, letztere entweder zunächst anderweitig zu bestimmen, also etwa Deklinationsunterschiede an einem Meridian- oder Vertikalkreis zu messen, oder den Betrag Quellen zu entnehmen, die epochenmäßig von dem Zeitpunkt der Verwendung nicht weit abliegen. Für AZ Persei speziell bieten sich viele solcher Quellen an, zeitlich teils ferner- teils näherliegend; noch nie aber ist es unternommen worden, sie einheitlich zu bearbeiten und Standardkoordinaten für gleiches Äquinox und Epoche sowie Eigenbewegungen der zehn Sterne abzuleiten, die auch für spätere Zeitmomente benutzbare Positionen verbürgen. Über die hier in dieser Beziehung durchgeführten Rechnungen und deren Ergebnis ist in AN 277.73 bereits berichtet worden; an vorliegender Stelle mögen entsprechend der dortigen Ankündigung die Einzelheiten des Verfahrens ausführlich gegeben werden.

An Meridianörtern standen für jeden der zehn Sterne die Positionen der Geschichte des Fixsternhimmels, an sie anschließend die Nachweise in dem Hamburger Index zur Verfügung. Zum Auffinden von Meridianbeobachtungen nach 1925 waren die Kataloge des Kopffschen Verzeichnisses in AN 248.338 sowie endlich die in dieser Liste noch nicht erfaßten und dem Astronomischen Jahresbericht späterer Jahre zu entnehmenden Sternkataloge durchzusehen. Die Einzelaufzählung der Quellen in der Geschichte des Fixsternhimmels und dem Hamburger Index erübrigt sich, sie können für jeden Stern des Bogens unter seiner Durchmusterungsbenennung entnommen werden. Zusätzlich zu diesen Unterlagen konnten teils für alle, teils nur für einige der zehn Sterne die folgenden Kataloge herangezogen werden:

AGK2 (4)	Zweiter Katalog der Astronomischen Gesellschaft. Vierter Band.
II.Grw$_{25}$	Second Greenwich Catalogue of Stars for 1925.0.
Par$_{90}$	Catalogue de l'Observatoire de Paris. Seconde Partie.
Wash$_{10}$II	Results of Observations with the 6-inch Transit Circle 1909—1918. Publications US Naval Observatory (2) 11, pg. 665 Catalogue of 2499 stars.
Hels$_1$Schl	Catalogue of the Positions and Proper Motions of 7727 Stars between +55° and +60°. Transactions Yale Observatory 7.

Da von vornherein beabsichtigt war, sich nicht auf Meridianpositionen allein zu beschränken, sind neben der Berechnung der zehn Sternörter aus der photographischen Himmelskarte deren Positionen auch aus den heliometrischen, mikrometrischen und photographischen Vermessungen von h Persei ausgezogen worden. Im Einzelnen kamen hierfür als Unterlagen in Frage:

Vat 132 Catalogo Astrografico 1900.0 Sezione Vaticana, Vol. IX, +56°. Lastra 132.
Vat 251 Catalogo Astrografico 1900.0 Sezione Vaticana, Vol. VIII, +57°. Lastra 251.
Vat 252 Catalogo Astrografico 1900.0 Sezione Vaticana, Vol. VIII, +57°. Lastra 252.

Krue A. KRUEGER, Der Sternhaufen h Persei. Beobachtungen desselben am Bonner Heliometer nebst deren Berechnung. Abdruck aus den Abhandlungen der Finnischen Societät der Wissenschaften. Helsingfors 1865.

$Oert_{ref}$ KARL OERTEL, Neue Beobachtung und Ausmessung des Sternhaufens 38 h Persei am Münchener großen Refraktor. Neue Annalen der K. Sternwarte München, Bd. II, 2. München 1891.

Br-St M. BRONSKY et A. STEBNITZKY, Les positions des étoiles de h et χ Persei et de leurs environs, déduites des mesures sur deux clichés photographiques. Mémoires de l'académie impériale des sciences de St. Petersbourg, VIII. série, Vol. II Nr. 7. St. Petersbourg 1895.

Schur WILHELM SCHUR, Vermessung der beiden Sternhaufen h und χ Persei mit dem sechszölligen Heliometer der Sternwarte in Göttingen. Astronomische Mitteilungen K. Sternwarte Göttingen, 6. Teil. Göttingen 1900.

Young ANNE SEWELL YOUNG, Rutherford Photographs of the Stellar Clusters h and χ Persei. Contributions from the Observatory of Columbia University, Nr. 24. New York 1906.

Mess BENNO MESSOW, Die beiden Sternhaufen im Perseus NGC 869 und 884. Positionen und Helligkeiten nach photographischer Ausmessung. Astronomische Abhandlungen der Hamburger Sternwarte in Bergedorf, Bd. II, 2. Hamburg 1913.

Hff J. HELFFERICH, Untersuchungen im Sternhaufen h Persei. Veröffentlichungen der Gr. Sternwarte zu Heidelberg, Bd. 7, Nr. 2. Karlsruhe 1913.

Ju RUDOLF JUNG, h und χ Persei, Photographische Vermessung. Veröffentlichungen der Universitäts-Sternwarte Bonn Nr. 31. Berlin und Bonn 1937.

Die Zahl der so für jeden Einzelstern verfügbaren Quellen schwankte zwischen der Geringstzahl 10 für den Stern B bis zur Höchstzahl 37 für den Stern F des Bogens.

Wie heute noch üblich, war beabsichtigt, auch im vorliegenden Falle als Bezugssystem der Untersuchung den FK3 zu wählen. Es galt daher vor allem, die mit Hilfe der PETERSschen Präzessionstafeln (Veröff. Astron. Recheninstitut Berlin-Dahlem Nr. 50) auf das derzeit gebräuchliche Äquinox 1950.0 übertragenen Ausgangspositionen der verschiedenen Unterlagen in das genannte System überzuführen. Nun enthält die das System des FK3 definierende Veröffentlichung des Astronomischen Recheninstituts zu Berlin-Dahlem Nr. 54 keinerlei Zahlenangaben über systematische Korrektionen von Einzelkatalogen, wie sie früher AUWERS und BOSS in ihren Systemdefinitionen gegeben haben. Man findet an der genannten Stelle nur systematische Korrektionen zur Überführung bisheriger Systeme in das des FK3. Es war also erforderlich, als ersten Schritt in der systematischen Reduktionsarbeit sich solcher Zwischensysteme zu bedienen, für die Korrektionen von Einzelkatalogen unmittelbar zahlenmäßig zu entnehmen waren, und danach diese Arbeitssysteme, notfalls sogar noch einmal über eine Zwischenstufe, in den FK3 überzuführen. Dieser Weg war für die meisten Meridiankataloge gangbar, für die sich entsprechende systematische Verbesserungen auf das System des GC oder des NFK in Band I des General Catalogue sowie in AUWERS' Tafeln in Astronomische Abhandlungen Nr. 7 finden. Auch die BATTERMANNschen Tafeln zur Reduktion auf den NFK in Beobachtungsergebnisse der Kgl. Sternwarte zu Berlin Nr. 12 konnten für diesen Zweck herangezogen werden. Einzig die Tafeln von WAHL in AN 263.363 ff. lieferten in dem alleinigen Ausnahmefall des Second Greenwich Catalogue 1925.0 unmittelbar dessen systematische Reduktion auf den FK3. Versagten aber die genannten Unterlagen — und das war neben wenigen Meridiankatalogen bei allen Positionen der Fall, die heliometrischen, mikrometrischen oder photographischen Vermessungen entstammten —, so blieb nur der Weg, die Einführungsworte der jeweiligen Veröffentlichungen auf zweckdienliche Fingerzeige durchzusehen und hieraus Schlüsse auf

Tabelle 3

		A	B	C	D	E	F	G	H	I	Z
Br_{45}	1745						NFK				
Br	1755						GC				
Pi 2^h	1800					GC	GC				
Grb	1810					GC	GC				
TayD	1835					GC	GC				
Rob	1840					GC	GC				
RC	1845				GC	GC	GC				
RüH	1845				.	.					
$Do_{50}Cl$	1850						.				
BoVI	1855					NFK	NFK				
Krue	1855	.	.	.	.	.	.	.	.	.	.
PuM	1855						GC				
PuMo	1855					GC					
Par_2	1860					GC	GC				
RC_2	1860						GC				
Ya	1860					GC	GC				
Pu_2occ	1865	GC			GC	GC	GC				
Q	1865				GC	GC	GC				
Gl	1870					NFK					
Be	1875						GC				
Hels	1875	GC		GC	GC	GC	GC	GC	GC	GC	GC
$Hels_1Schl$	1875	.		.	.	.	.	.	.	.	.
Kam_2	1875					.	.				
Rbg	1875	GC									GC
Sto I	1875						GC				
Wa_2	1875	GC									GC
$KüBl_1$	1885	[GC]									[GC]
$Strb_2$ II	1885	GC									GC
Br–St	1890	.	.	.	.	.	.	.	.	.	.
$Oert_{ref}$	1890	.	.	.	.	.	.	.	.	.	.
Par_{90}	1890	GC							GC		GC
Schur	1890	.			.	.					.
Young	1890	.	.	.	.	.	.	.	.		.
II 10 y	1890					GC	GC				
AN 135.35	1892						.				
AN 136.173	1892					.					
Mess	1899	.	.	.	.	.	.	.	.	.	.
Bo 16 Mö	1900	.				.	.				.
Ci_3	1900					GC	GC				
LG_2	1900					.	.				
LG_3	1900					.	.				
$Oert_2$	1900					GC	GC				
$Pu_{15}Ny$	1900						GC				
Vat 132	1900	.	.	.	.	.	.	.	.	.	.
Vat 251	1900	.	.	.	.	.	.	.	.	.	.
Vat 252	1900	.	.	.	.	.	.	.	.	.	.
$Wash_{00}$	1900	GC									GC
Hff	1910	.		.	.	.	.	.	.		.
$Wash_{10}$ II	1910	GC									GC
Bgd_{25}	1925				GC						
Bm_3	1925						GC				
II. Grw_{25}	1925					FK3	FK3				
AGK 2 (4)	1950	.	.	.	.	.	.	.	.	.	.
Ju	1950	.	.	.	.	.	.	.	.	.	.

das System zu ziehen. Dabei ist freilich nicht außer Acht zu lassen, daß auf diese Weise wohl die Systematik des betreffenden Sternverzeichnisses im großen Ganzen, nicht aber das systematische Verhalten der jeweiligen differentiellen Anschlüsse erfaßt werden kann. Andererseits ist zu hoffen, daß durch die Ausgleichung bei der Ermittlung der Plattenkonstanten sowie durch ähnliche Rechenoperationen bei den mikrometrischen und heliometrischen Anschlüssen die systematischen Fehler, vor allem derjenige des Helligkeitseinflusses, gewisse Abschleifungen und Verringerungen erfahren haben. Jeden Zweifel hierüber vermöchte freilich nur eine strenge und individuell auf den Einzelkatalog zugeschnittene Untersuchung seines systematischen Verhaltens durch Vergleich mit einem Sternverzeichnis bekannter Systematik zu beheben. Ein solches Vorgehen erfordert aber offenbar einen viel zu großen Aufwand gegenüber dem eigentlichen Ziel, nur zur Ermittlung des Schraubenwertes systematisch möglichst fehlerfreie und in demselben System liegende Örter der Sterne des Perseusbogens zur Verfügung zu haben.

Die gegenüberstehende Tabelle 3 gibt eine Übersicht über das Vorkommen jedes der zehn Sterne in den herangezogenen Verzeichnissen unter Angabe des Äquinoctiums und kennzeichnet zugleich unter Benennung des Fundamentalsystems die den angeführten Unterlagen unmittelbar zu entnehmenden systematischen Reduktionen auf das letztgenannte. Sofern solche Möglichkeiten nicht vorliegen und das systematische Verhalten aus Einführungsworten erschlossen werden muß, ist dies sowie das Sternvorkommen durch einen Punkt angedeutet. Die Abkürzungen folgen dem Katalogschlüssel der Geschichte des Fixsternhimmels und deren Weiterführungen, sofern sie nicht der obigen Aufführung von Sternverzeichnissen beigefügt sind.

Die Angaben für $KüBl_1$ sind eingeklammert, da der GC systematische Korrektionen nicht unmittelbar für diesen Katalog selbst enthält, sondern nur für $KüBl_2$ des Äquinoctiums 1890. Da aber Beobachter und Instrument in beiden Fällen die gleichen sind, ist Identität auch für das systematische Verhalten der beiden Sternverzeichnisse unterstellt worden.

Es mögen nun die systematischen Korrektionen selbst folgen, soweit sie in den zitierten Unterlagen unmittelbar zu finden sind.

1. Als erste seien die Band I Appendix III des General Catalogue entnehmbaren Reduktionen auf dessen System aufgeführt:

*		$\Delta\alpha_\alpha$	$\Delta\alpha_\delta$	$\Delta\alpha_m$	Σ	$\Delta\delta_\alpha$	$\Delta\delta_\delta$	Σ
A	Pu_2occ	$-0^s.047$	$-0^s.021$	$-0^s.040$	$-0^s.108$	$+0''.04$	$+0''.17$	$+0''.21$
	Hels	− .015	+ .006	− .034	− .043	+ .02	+ .21	+ .23
	Rbg	—	—	—	—	+ .06	+ .15	+ .21
	Par_{90}	+ .001	+ .036	− .051	− .014	− .07	+ .23	+ .16
	Wa_2	− .043	− .041	− .043	− .127	− .01	+ .26	+ .25
	$Strb_2$ II	− .026	+ .019	− .029	− .036	+ .02	+ .03	+ .05
	$KüBl_1$	− .021	− .033	− .010	− .064	+ .04	+ .20	+ .24
	$Wash_{00}$	− .025	+ .016	.000	− .009	+ .05	− .20	− .15
	$Wash_{10}$ II	—	—	—	—	+ .08	− .04	+ .04
C	Hels	$-0^s.015$	$+0^s.006$	$-0^s.048$	$-0^s.057$	$+0''.02$	$+0''.21$	$+0''.23$
D	RC	$-0^s.024$	$+0^s.023$	$-0^s.065$	$-0^s.066$	$-0''.02$	$+0''.25$	$+0''.23$
	Pu_2occ	− .047	− .021	− .040	− .108	—	—	—
	Q	+ .027	− .079	− .019	− .071	− .04	+ .36	+ .32
	Hels	− .015	+ .006	− .034	− .043	+ .02	+ .21	+ .23
	Bgd_{25}	− .039	− .010	− .011	− .060	+ .08	− .09	− .01

*		$\Delta\alpha_\alpha$	$\Delta\alpha_\delta$	$\Delta\alpha_m$	Σ	$\Delta\delta_\alpha$	$\Delta\delta_\delta$	Σ
E	Pi 2^h	$+0^s.076$	$+0^s.161$	$-0^s.014$	$+0^s.223$	$+0''.22$	$-0''.08$	$+0''.14$
	Grb	− .054	− .009	− .036	− .099	− .01	+ .02	+ .01
	TayD	− .116	+ .135	− .054	− .035	− .19	+ .72	+ .53
	RC	− .025	+ .023	− .044	− .046	− .03	+ .25	+ .22
	Rob	+ .013	− .063	− .025	− .075	+ .09	− .18	− .09
	Par_2	− .002	+ .005	− .012	− .009	—	—	—
	PuMo	− .040	+ .003	− .019	− .056	+ .03	+ .24	+ .27
	Q	+ .027	− .078	− .013	− .064	− .04	+ .36	+ .32
	Ya	− .026	− .029	− .010	− .065	− .22	+ .40	+ .18
	Pu_2occ	− .047	− .021	− .028	− .096	—	—	—
	Hels	− .015	+ .006	− .024	− .033	+ .02	+ .21	+ .23
	II 10 y	+ .005	− .023	− .017	− .035	+ .02	+ .09	+ .11
	Ci_3	− .014	− .030	− .024	− .068	.00	+ .40	+ .40
	$Oert_2$	− .047	+ .012	+ .008	− .027	+ .04	− .14	− .10
F	Br	—	—	—	—	$+0''.08$	$-0''.26$	$-0''.18$
	Pi 2^h	$+0^s.076$	$+0^s.161$	$-0^s.014$	$+0^s.223$	+ .22	− .08	+ .14
	Grb	− .053	− .009	− .036	− .098	− .01	+ .02	+ .01
	TayD	− .116	+ .135	− .054	− .035	− .19	+ .72	+ .53
	RC	− .025	+ .023	− .044	− .046	− .03	+ .25	+ .22
	Rob	+ .013	− .063	− .025	− .075	+ .09	− .18	− .09
	RC_2	+ .004	− .033	− .034	− .063	+ .10	+ .56	+ .66
	Par_2	− .002	+ .005	− .012	− .009	—	—	—
	PuM	− .040	+ .003	− .019	− .056	+ .03	+ .24	+ .27
	Q	+ .027	− .078	− .013	− .064	− .04	+ .35	+ .31
	Ya	− .026	− .030	− .010	− .066	− .22	+ .40	+ .18
	Pu_2occ	− .047	− .021	− .028	− .096	—	—	—
	Hels	− .015	+ .006	− .024	− .033	+ .02	+ .21	+ .23
	Be	− .032	− .026	− .030	− .088	− .02	+ .37	+ .35
	Sto I	− .027	− .009	− .014	− .050	+ .11	+ .13	+ .24
	II 10 y	+ .005	− .023	− .017	− .035	+ .02	+ .09	+ .11
	Ci_3	− .014	− .030	− .024	− .068	.00	+ .40	+ .40
	$Pu_{15}Ny$	—	—	—	—	+ .02	− .07	− .05
	$Oert_2$	− .047	+ .012	+ .008	− .027	+ .04	− .14	− .10
	Bm_3	− .029	− .004	.000	− .033	+ .01	+ .11	+ .12
G	Hels	$-0^s.015$	$+0^s.006$	$-0^s.044$	$-0^s.053$	$+0''.02$	$+0''.21$	$+0''.23$
H	Hels	$-0^s.015$	$+0^s.006$	$-0^s.042$	$-0^s.051$	$+0''.02$	$+0''.20$	$+0''.22$
	Par_{90}	+ .001	+ .036	− .064	− .027	—	—	—
I	Hels	$-0^s.015$	$+0^s.006$	$-0^s.042$	$-0^s.051$	$+0''.02$	$+0''.20$	$+0''.22$
Z	Pu_2occ	—	—	—	—	$+0''.04$	$+0''.18$	$+0''.22$
	Rbg	—	—	—	—	+ .06	+ .15	+ .21
	Hels	$-0^s.015$	$+0^s.006$	$-0^s.035$	$-0^s.044$	+ .02	+ .20	+ .22
	Wa_2	− .043	− .041	− .044	− .128	− .01	+ .27	+ .26
	Par_{90}	+ .002	+ .036	− .053	− .015	− .07	+ .23	+ .16
	$Strb_2$ II	—	—	—	—	+ .02	+ .04	+ .06
	$KüBl_1$	− .021	− .033	−.010	− .064	+ .04	+ .20	+ .24
	$Wash_{00}$	− .025	+ .016	.000	− .009	+ .05	− .20	− .15
	$Wash_{10}$ II	—	—	—	—	+ .08	− .04	+ .04

2a. Zur Reduktion auf den NFK stehen sowohl die AUWERSschen Tafeln in Astronomische Abhandlungen Nr. 7 wie auch die Tabelle BATTERMANNS in Berliner Beobachtungs-Ergebnisse Nr. 12 Seite 18 zur Verfügung. Um mittels der Reduktionstafeln von AUWERS

Sternkataloge streng auf das System des NFK zu bringen, bedarf es wegen eines nach AN 175.389 unterlaufenen Versehens, auf das Battermann auf Seite 15 der genannten Veröffentlichung hingewiesen hat, mit Ausnahme der Kataloge von Bradley und Tobias Mayer kleiner Verbesserungen, die in Veröffentlichungen des Astronomischen Recheninstituts Nr. 54, Seite 83, Tafel 2 verzeichnet sind. Im folgenden sind diese kleinen Zusatzwerte eingeklammert unter die den Auwersschen Tafeln entnehmbaren Korrektionen zur Reduktion auf das System des NFK gesetzt:

*		$\Delta\alpha_\alpha$	$\Delta\alpha_\delta$	Σ	$\Delta\delta_\alpha$	$\Delta\delta_\delta$	Σ
E	Gl	+0^{s}007	+0^{s}038	+0^{s}045	−0″17	−0″56	−0″72
		(0)	(0)		(0)	(+1)	
F	Br_{45}	+0^{s}010	−0^{s}080	−0^{s}070	—	—	—

2b. Auch die Battermannschen Tabellen bedürfen der kleinen in Tafel 2 der genannten Veröffentlichung des Astronomischen Recheninstituts gegebenen Korrektionen. Der Nullwert der letzteren liegt bei dem Eingangsargument 1867. Dieses Jahr fällt nahe zusammen mit der Epoche 1866, für die Battermann gemäß Seite 19 seiner Veröffentlichung unter Benutzung der Auwersschen Tabelle in AN 164.237 die Reduktionen für den hier in Frage kommenden Katalog Bo VI berechnet hat, und unterscheidet sich kaum von den Epochen 1863.3 bzw. 1863.5 der Beobachtung der beiden Sterne E und F in ihm. Mithin entfallen hier die kleinen Zusatzkorrektionen und es können Battermanns Tafel für Bo VI die folgenden Verbesserungen zur Reduktion auf das System des NFK entnommen werden:

*		$\Delta\alpha_\alpha$	$\Delta\alpha_\delta$	Σ	$\Delta\delta_\alpha$	$\Delta\delta_\delta$	Σ
E	BoVI	−0^{s}014	+0^{s}028	+0^{s}014	−0″01	−0″08	−0″09
		(0)	(0)		(0)	(0)	
F	BoVI	−0^{s}014	+0^{s}028	+0^{s}014	−0″01	−0″08	−0″09
		(0)	(0)		(0)	(0)	

3. Als letzte Quelle für die tabellarische Entnahmemöglichkeit systematischer Korrektionen von Einzelkatalogen stehen noch die Tafeln von E. Wahl in AN 263.363 ff. zur Verfügung, die, wie bereits erwähnt, Reduktionswerte auf den FK3 unmittelbar geben:

*		$\Delta\alpha_{\alpha_1}$	$\Delta\alpha_{\alpha_2}-\Delta\alpha_{\alpha_1}$	$\Delta\alpha_\delta$	$\Delta\alpha_m$	Σ	$\Delta\delta_{\alpha_1}$	$\Delta\delta_{\alpha_2}-\Delta\delta_{\alpha_1}$	$\Delta\delta_\delta$	Σ
E	II Grw_{25}	+0^{s}004	−0^{s}001	−0^{s}025	0^{s}000	−0^{s}022	−0″01	+0″08	+0″19	+0″26
F	II Grw_{25}	+0^{s}004	−0^{s}001	−0^{s}025	0^{s}000	−0^{s}022	−0″01	+0″08	+0″19	+0″26

4. In Einzelaufzählung mögen jetzt die restlichen hier herangezogenen Sternkataloge mit Kennzeichnung ihrer Systeme und Angabe der systematischen Reduktionen folgen, für die letztere in Tabellenform nicht vorliegen, auf die vielmehr für unsere Zwecke erst aus den Katalogangaben Schlüsse gezogen werden mußten.

a) Rü H: Nach Seite XI der Einleitung ist weder in Rektaszension noch in Deklination ein systematischer Gang der in Anhang I gegebenen Differenzen zwischen den Rümkerschen Beobachtungen der NFK-Sterne und den Auwersschen Örtern nach α erkennbar;

die an der genannten Stelle verzeichneten zonalen Differenzenmittel werden wenigstens in α als Helligkeitsfehler angesehen. Zur Reduktion auf den NFK bedarf es nach Seite XI für die Sterne D und E der folgenden systematischen Korrektion:

*D und *E	$\Delta\alpha = +0^s\!.049$	$\Delta\delta = -0''\!.10$

b) $Do_{50}Cl$: Angaben über das System dieses Katalogs waren nicht auffindbar; ebensowenig liegen Untersuchungen seines systematischen Verhaltens vor. Aus diesen Gründen ist die Katalogposition von *F nicht verwertet worden.

c) Krue: Die aus Heliometeranschlüssen hergeleiteten Örter dieses Katalogs beruhen auf einem Nullpunkt, dessen Position nach Ziffer 7 auf Beobachtungen der Sterne E und F durch Argelander am Bonner Meridiankreis in den Jahren 1861 bis 1864 basiert. Das System der Bonner Meridiankreisbeobachtungen dieser Jahre, mithin auch das der Kruegerschen Örter, ist nach Astronomische Beobachtungen Bonn, Bd. VI, pg. VI und IX das System von Wolfers' Tabulae reductionum. Dessen Reduktionen auf den NFK aber können, soweit es sich um Sterne bis $8^m\!.0$ handelt — für *E und *F trifft dies zu — den bereits vorhin herangezogenen Battermannschen Tafeln in Berl. Beob.-Ergebn. Nr. 12, pg. 18 entnommen werden; für schwächere Sterne wäre noch eine auf Seite 24 gegebene Helligkeitsgleichung in α und δ zu addieren. Wie vorhin schon, treten zu den Tafelwerten noch die in Veröff. Astr. Recheninst. Nr. 54, pg. 83, Tafel 2 aufgeführten kleinen Zusatzglieder; sie verschwinden aber auch hier infolge der geringen Epochenunterschiede zwischen dem Nullwertsargument 1867 der Tafel 2 und den Epochen 1863.2 bzw. 1863.4 der Argelanderschen Beobachtungen der Sterne E bzw. F. So ergibt sich als Reduktion von Krue auf den NFK für alle Sterne des Perseusbogens:

	$\Delta\alpha_\alpha$	$\Delta\alpha_\delta$	Σ	$\Delta\delta_\alpha$	$\Delta\delta_\delta$	Σ
*A bis *Z	$-0^s\!.014$ (0)	$+0^s\!.028$ (0)	$+0^s\!.014$	$-0''\!.01$ (0)	$-0''\!.08$ (0)	$-0''\!.09$

d) $Hels_1Schl$: Nach Seite (5) der Einleitung basieren die Anhaltsterne für die Schlesingersche photographische Wiederholung der AG-Zone Helsingfors-Gotha in der Hauptsache auf dem von Hins am Leidener Meridiankreis im System von Boss' Preliminary General Catalogue beobachteten Katalog Lei 15 Hins Zo (Annalen Sterrewacht te Leiden XV, 2. stuk). Um wegen des Unterschieds zwischen dem Epochenmittel der Aufnahmen und dem des Katalogs eventuelle Eigenbewegungen der Anhaltsterne durch Vergleich mit Hels berücksichtigen zu können, wurde der Hinssche Katalog mittels der auf Seite (6) gegebenen beiden Täfelchen auf das System des NFK gebracht, Hels selbst aber dabei unkorrigiert benutzt. So kommt es, daß, wie auf Seite (7) zu lesen, die Positionen von $Hels_1Schl$ zu $^4/_5$ mit systematischen Fehlern des Leidener Katalogs und zu $^1/_5$ mit systematischen Fehlern des AG-Katalogs behaftet sind.

Da aber zu befürchten steht, daß durch derlei Rechenoperationen der ursprünglich bestehende systematische Zusammenhang mit dem NFK nicht rein erhalten bleibt, dürfte es geraten sein, sich die Tatsache zunutze zu machen, daß sowohl von Hels wie von Lei 15 Hins Zo systematische Reduktionen in Boss' General Catalogue verzeichnet sind, und unter Verwendung des soeben genannten Zusammenhangs zwischen den Korrektionen beider Kataloge die Gültigkeit des GC-Systems für die Positionen von $Hels_1Schl$ herbeizuführen.

Die systematischen Reduktionen für Hels waren unter 1. schon aufgeführt worden; für Lei 15 Hins Zo, in der Schreibweise des GC mit Lei_{27} 25 bezeichnet, erhält man:

*	$\Delta\alpha_\alpha$	$\Delta\alpha_\delta$	$\Delta\alpha_m$	Σ	$\Delta\delta_\alpha$	$\Delta\delta_\delta$	Σ
A	−0ˢ067	0ˢ000	0ˢ000	−0ˢ067	0″00	+0″12	+0″12
C	− .067	.000	.000	− .067	.00	+ .12	+ .12
D	− .067	.000	.000	− .067	.00	+ .12	+ .12
E	− .067	.000	.000	− .067	.00	+ .12	+ .12
F	− .067	.000	.000	− .067	.00	+ .12	+ .12
G	− .067	.000	.000	− .067	.00	+ .12	+ .12
H	− .067	.000	.000	− .067	.00	+ .13	+ .13
I	− .067	.000	.000	− .067	.00	+ .13	+ .13
Z	− .067	.000	.000	− .067	.00	+ .13	+ .13

Damit können nach dem Ansatz $\Delta_{\text{Hels;Sch}} = \frac{4}{5}\,\Delta_{\text{Lei 15 Hins Zo}} + \frac{1}{5}\,\Delta_{\text{Hels}}$ die systematischen Verbesserungen der neun Katalogpositionen im System des GC berechnet werden:

*	$\Delta\alpha_{\text{Lei}}$	$\Delta\alpha_{\text{Hels}}$	$\Delta\delta_{\text{Lei}}$	$\Delta\delta_{\text{Hels}}$	$\Delta\alpha_{\text{Hels, Schl}}$	$\Delta\delta_{\text{Hels, Schl}}$
A	−0ˢ067	−0ˢ043	+0″12	+0″23	−0ˢ062	+0″14
C	− .067	− .057	+ .12	+ .23	− .065	+ .14
D	− .067	− .043	+ .12	+ .23	− .062	+ .14
E	− .067	− .033	+ .12	+ .23	− .060	+ .14
F	− .067	− .033	+ .12	+ .23	− .060	+ .14
G	− .067	− .053	+ .12	+ .23	− .064	+ .14
H	− .067	− .051	+ .13	+ .22	− .064	+ .15
I	− .067	− .051	+ .13	+ .22	− .064	+ .15
Z	− .067	− .044	+ .13	+ .22	− .062	+ .15

e) Kam_2: Da es sich hier nur um eine Sammlung einzelner gelegentlich an Meridiankreisen beobachteter und in den AN verstreut veröffentlichter Positionen handelt, kann wegen der Verschiedenartigkeit der Instrumente und Beobachter dieser Sternkatalog kein einheitliches System haben; es ist vielmehr von Fall zu Fall durch das jeweilige Instrumentarium bedingt. Die in Kam_2 enthaltenen Örter von *E und *F sind von Engelmann am Leipziger Meridiankreis beobachtet worden; die Positionen sind nach AN 73.368 den Örtern der sogenannten Argelanderschen Vergleichsterne konform gemacht. Die Einzelheiten der Beobachtung sowie die Sternörter enthält Band I der „Resultate aus Beobachtungen auf der Leipziger Sternwarte". Die systematischen Korrektionen dieses Katalogs Engelmann 1866 und damit auch diejenigen der in AN 73.367 sowie in AN 76.43 veröffentlichten und in Kam_2 wiedergegebenen Positionen der Sterne E und F gegenüber dem NFK sind den Auwersschen Tafeln in Astr. Abh. Nr. 7 zu entnehmen. Hierzu treten wieder gemäß Veröff. Astr. Recheninst. Nr. 54, S. 83, Taf. 2 kleine Zusatzgrößen, die aber auch hier wegen der Epoche 1868.0 bei *E und 1868.7 bei *F verschwinden:

*	$\Delta\alpha_\alpha$	$\Delta\alpha_\delta$	Σ	$\Delta\delta_\alpha$	$\Delta\delta_\delta$	Σ
E	−0ˢ004	−0ˢ090	−0ˢ094	+0″19	+0″52	+0″71
	(0)	(0)		(0)	(0)	
F	−0ˢ004	−0ˢ090	−0ˢ094	+0″19	+0″52	+0″71
	(0)	(0)		(0)	(0)	

f) Br-St: Die Positionen dieses Sternverzeichnisses sollten auf der Ausmessung zweier Platten beruhen; doch sind aus technischen auf Seite 116 näher erläuterten Gründen die Meßergebnisse der ersten Platte schon von den Verfassern selbst verworfen worden. Es haben daher hier nur die Positionen der zweiten Platte Platz gefunden. Da als Anhaltsterne für sie nach Seite 8 allein Sterne der Zone Helsingfors-Gotha des Katalogs der Astronomischen Gesellschaft herangezogen wurden, ist das System von $(Br\text{-}St)_{II}$ mit demjenigen von Hels identisch, dessen systematische Korrektionen im System des GC des öfteren schon genannt wurden und hier wiederholt seien:

*	$\Delta\alpha_\alpha$	$\Delta\alpha_\delta$	$\Delta\alpha_m$	Σ	$\Delta\delta_\alpha$	$\Delta\delta_\delta$	Σ
A	-0^s015	$+0^s006$	-0^s034	-0^s043	$+0''02$	$+0''21$	$+0''23$
B	− .015	+ .006	− .048	− .057	+ .02	+ .21	+ .23
C	− .015	+ .006	− .048	− .057	+ .02	+ .21	+ .23
D	− .015	+ .006	− .034	− .043	+ .02	+ .21	+ .23
E	− .015	+ .006	− .024	− .033	+ .02	+ .21	+ .23
F	− .015	+ .006	− .024	− .033	+ .02	+ .21	+ .23
G	− .015	+ .006	− .044	− .053	+ .02	+ .21	+ .23
H	− .015	+ .006	− .042	− .051	+ .02	+ .20	+ .22
I	− .015	+ .006	− .042	− .051	+ .02	+ .20	+ .22
Z	− .015	+ .006	− .035	− .044	+ .02	+ .20	+ .22

g) $Oert_{ref}$: Das Sternverzeichnis beruht auf Mikrometeranschlüssen an den als Nullpunkt dienenden Stern F. Dessen Ort hat OERTEL nach Seite B 74 aus den bis dahin vorliegenden Meridiankreisbeobachtungen abgeleitet, die er auf das System FC des AUWERSschen Fundamentalkatalogs für die Zonenbeobachtungen der Astronomischen Gesellschaft reduziert hatte. Zur Übertragung vom FC auf den NFK muß die AUWERSsche Tafel in AN 164.237 herangezogen werden. Die in ihr zu findenden systematischen Korrektionen des Sterns F für 1890, verbessert erneut um die aus Veröff. Astr. Recheninst. Nr. 54, S. 83, Taf. 2 entnehmbaren kleinen Zusatzglieder für die Epoche 1890, stellen dann die systematischen Verbesserungen der Positionen des OERTELschen Katalogs auf den NFK dar:

	$\Delta\alpha_\alpha$	$\Delta\alpha_\delta$	Σ	$\Delta\delta_\alpha$	$\Delta\delta_\delta$	Σ
*A bis *Z	-0^s003 (+3)	-0^s003 (0)	-0^s003	$0''00$ (−2)	$+0''06$ (+3)	$+0''07$

h) Schur: Zur Orientierung der durch Heliometeranschlüsse verbundenen Sternörter dienten nach Seite 76 Meridiankreisbeobachtungen der gleichen Sterne durch BATTERMANN in Berlin. Die Meridianörter ihrerseits basieren nach Seite 81 auf der Position von ε Cassiopeiae im alten AUWERSschen FC-System. Nach AN 147.57 bedarf aber ε Cassiopeiae für die mittlere Epoche 1893.75 der SCHURschen Beobachtungen einer individuellen Korrektion von $+0^s012$ bzw. $-0''11$. Hierzu kommen zwecks Reduktion vom FC auf den NFK aus AN 164.237 für 1893.75 entnehmbare systematische Korrektionen, die endlich für die genannte Epoche noch der kleinen Zusatzverbesserungen aus der schon wiederholt zitierten Tafel 2 der Veröff. Astr. Recheninst. Nr. 54, S. 83 bedürfen. Die Summe der individuellen und der beiden systematischen Korrektionen stellt die Totalverbesserung von ε Cassiopeiae für die SCHURsche Beobachtungsepoche im NFK-System dar, und ist damit auch die systematische Reduktion der vier im SCHURschen Sternverzeichnis vorkommenden Sterne des Perseusbogens auf den NFK:

*		$\Delta\alpha_\alpha$	$\Delta\alpha_\delta$	Σ		$\Delta\delta_\alpha$	$\Delta\delta_\delta$	Σ
A D E Z	$+0^{s}.012$	$-0^{s}.003$ (+4)	$+0^{s}.005$ (+4)	$+0^{s}.022$	$-0''.11$	$0''.00$ (−2)	$+0''.14$ (+7)	$+0''.08$

i) Young: Zur Bestimmung der Plattenkonstanten dienten nach Seite 44 die Örter der Schurschen Heliometervermessung. Mithin steht der Katalog von Young im System von Schurs Sternverzeichnis und die systematischen Reduktionen auf den NFK sind die gleichen wie die soeben für Schur errechneten:

*A bis *Z (außer *I)	$\Delta\alpha = +0^{s}.022$	$\Delta\delta = +0''.08$

k) AN 135.35 und AN 136.173: Die Positionen der beiden Sterne E und F sind am Meridiankreis der Sternwarte Kasan im System des Berliner Astronomischen Jahrbuchs, identisch mit dem Auwersschen FC-System, erhalten. Die Reduktionen auf den NFK gibt die schon mehrfach herangezogene Tafel in AN 164.237, zu denen noch die kleinen Zusatzglieder aus Veröff. Astr. Recheninst. Nr. 54, S. 83, Taf. 2 hinzutreten, beide Male gültig für die mittlere Beobachtungsepoche 1893.0 und die Koordinaten der beiden Sterne:

*	$\Delta\alpha_\alpha$	$\Delta\alpha_\delta$	Σ	$\Delta\delta_\alpha$	$\Delta\delta_\delta$	Σ
E	$-0^{s}.003$ (+3)	$-0^{s}.001$ (0)	$-0^{s}.001$	$0''.00$ (−2)	$+0''.14$ (+3)	$+0''.15$
F	$-0^{s}.003$ (+3)	$-0^{s}.001$ (0)	$-0^{s}.001$	$0''.00$ (−2)	$+0''.14$ (+3)	$+0''.15$

l) Mess: Gemäß Seite 13 wurden die Plattenkonstanten mittels der Schurschen Heliometerpositionen errechnet. Auch hier sind also wie unter i) die systematischen Reduktionen auf den NFK die gleichen wie die unter h) für Schur abgeleiteten:

*A bis *Z	$\Delta\alpha = +0^{s}.022$	$\Delta\delta = +0''.08$

m) Bo 16 Mö: Nach Seite 3 und 5 der Einleitung ist bei diesem Katalog durch Küstnersche Reihen ein strenger Anschluß an den NFK hergestellt und nach Seite 8 die Helligkeitsgleichung durch Verwendung von Gittern ausgeschaltet worden. Bo 16 Mö bildet so ein von Helligkeitsgleichung freies und mit dem NFK identisches System; systematische Reduktionen entfallen.

n) LG_2 und LG_3: Beide Meridiankataloge, LG_2 nur Deklinationen, LG_3 die später zusätzlich bestimmten Rektaszensionen enthaltend, stehen nach Seite VII der Einleitung zu LG_3 im System des Auwersschen FC, dessen Örter allerdings individuell nach AN 147.55 ff. verbessert wurden. Innerhalb dieses Systems haben die Verfasser die Rektaszensionen von LG_3 auf Abhängigkeit von δ untersucht und die ermittelten $\Delta\alpha_\delta$ in Tabelle II auf Seite VII wiedergegeben; eine gleichartige Untersuchung für die Deklinationen liegt nicht vor. Der aus Tabelle II für die Deklinationen der Sterne E und F zu entnehmende Wert $-0^{s}.010$ ist den systematischen Korrektionen hinzuzufügen, die zur Reduktion vom FC auf den NFK in der Tafel AN 164.237 für die Epoche 1901.9 in α und 1897.5 bzw.

1897.0 in δ zu finden sind. Hierzu treten endlich noch die Zusatzwerte gemäß Veröff. Astr. Recheninst. Nr. 54. S. 83, Tafel 2:

*		$\Delta\alpha_\alpha$	$\Delta\alpha_\delta$	Σ	$\Delta\delta_\alpha$	$\Delta\delta_\delta$	Σ
E	$-0^s.010$	$-0^s.003$ (+4)	$+0^s.005$ (0)	$-0^s.004$	$0''.00$ (−2)	$+0''.16$ (+4)	$+0''.18$
F	$-0^s.010$	$-0^s.003$ (+4)	$+0^s.005$ (0)	$-0^s.004$	$0''.00$ (−2)	$+0''.16$ (+4)	$+0''.18$

o) Vat: Nach Seite XI der Einleitungen zu den Zonen $+56°$ und $+57°$ der photographischen Himmelskarte sind die Örter der Plattenanhaltsterne dem AG-Katalog Helsingfors-Gotha entnommen; dessen System darf also identisch mit dem von Vat betrachtet werden. Zur Reduktion der Positionen von *A bis *Z in Vat auf das System von Boss' GC dürfen mithin dessen Korrektionen für Hels, wie sie vorhin unter f) für Br-St wiederholt wurden, unverändert hier übernommen werden.

p) Hff: Hier gilt genau das soeben unter o) Gesagte. Den Plattenkonstanten liegen auch hier die Örter von AG-Helsingfors-Gotha zugrunde und die Korrektionen auf den GC sind die gleichen wie bei f) und o).

q) AGK 2: Die Örter dieser Wiederholung der Kataloge der Astronomischen Gesellschaft liegen nach Anlage und Durchführung streng im System des FK 3.

r) Ju: Ein Vergleich der auf Seite 14 mitgeteilten Örter der Plattenanhaltsterne mit den Positionen der gleichen Sterne in den Veröffentlichungen des Kopernikus-Instituts Nr. 55 ergibt völlige Identität. Da der an der letztgenannten Stelle veröffentlichte Katalog der Anhaltsterne für das Zonenunternehmen der Astronomischen Gesellschaft streng im System des FK 3 steht, gilt das Gleiche für die Positionen von Ju.

5. Nachdem es sich so erwiesen hat, daß alle für unsere Untersuchungen in Frage kommenden Sternverzeichnisse entweder im System des GC oder in dem des NFK liegen, ist es abschließend jetzt noch erforderlich, diese beiden Arbeitssysteme auf das endgültige System des FK 3 zu reduzieren.

a) FK 3-GC: Die in Band I des GC Seite 330 und 331 gegebenen Tafeln verzeichnen neben einer Äquinoktialkorrektion von $+0^s.012$ für die Epoche 1950 gültig systematische Reduktionen im Sinne GC-FK 3; Eingangsargumente sind die Koordinate der Sterne für 1950.0. Die am gleichen Ort aufgeführten systematischen Verbesserungen der hundertjährigen Eigenbewegungen erlauben, unter Berücksichtigung der Zeitdifferenz wischen 1950 und der mittleren Epoche jedes Einzelkatalogs die Tafelwerte $\Delta\alpha_\alpha$ und $\Delta\alpha_\delta$ bzw. $\Delta\delta_\alpha$ und $\Delta\delta_\delta$ auf die Katalogepoche zu übertragen.

b) FK 3-NFK: α) Br_{45}: Die gesuchten Differenzen sind für resen Katalog in den Veröffentlichungen des Astronomischen Recheninstituts Nr. 54 Seite 82, Tafel 1 tabuliert; Eingangsargumente sind Rektaszension und Deklination für 1925.0.

β) Sonstige Kataloge: Die notwendigen Unterlagen bieten die Tafeln von H. Nowacki in AN 255.321—326; Eingangsargumente sind die Koordinaten der Sterne für 1925.0. Wie unter 5a) ausgeführt, müssen auch hier die für 1925 verzeichneten systematischen Reduktionen $\Delta\alpha_\alpha$, $\Delta\alpha_\delta$, $\Delta\delta_\alpha$ und $\Delta\delta_\delta$ mittels der systematischen Verbesserungen der hundertjährigen Eigenbewegungen unter Berücksichtigung der Epochendifferenz zwischen 1925 und der mittleren Katalogepoche auf die letztere übertragen werden.

Die umfangreichen Einzelheiten der für a) wie b) leicht durchzuführenden Rechnungen mögen hier übergangen werden, die Endergebnisse sind in der einschlägigen Kolumne der nachfolgenden Zusammenstellung aufgeführt. Ihre Spalten bedürfen keiner Erläuterung, außer daß n und p Anzahl der Beobachtungen und Gewicht bezeichnen, von dessen Ermittlung sogleich die Rede sein wird.

Bei der Ermittlung der Gewichte sind die Verhältnisse nicht unähnlich den bei der Herleitung der systematischen Beziehungen vorgefundenen. Gewichtsangaben in Tafelform liegen nur von Boss in Appendix III von Bd. I des General Catalogue sowie von AUWERS in AN 151.225 ff. vor, so daß für einige Meridiankataloge und für die auf visuellen und photographischen Vermessungen beruhenden Sternverzeichnisse eigene Wege beschritten werden müssen. Und gleichwie vorhin die gesonderten Fundamentalsysteme des GC, des NFK und des FK3 zu einem einzigen System vereinigt werden mußten, so ist auch jetzt eine Vereinheitlichung der Gewichtsangaben vonnöten. Da für die Mehrzahl der Meridiankataloge die gewünschten Zahlenwerte dem GC entnommen werden können, ist es ratsam, dessen Gewichtssystem als das den Berechnungen zu Grunde zu legende zu wählen.

Es bedarf also zunächst der Herleitung einer Relation zwischen der AUWERSschen Gewichtsfestsetzung und derjenigen des GC. Dabei wurde wegen der Problematik der Gewichtsbestimmung überhaupt das folgende summarische Verfahren als für die vorliegenden Zwecke hinreichend erachtet. In α sowohl wie in δ wurden je sechs dem GC und den AUWERSschen Tafeln gemeinsame Kataloge mit Sternen des Perseusbogens — es handelte sich in α um Grb, Rob, Par_2, Q, Wa_2 und II 10y, in δ um Pi, TayD, RC_2, Pu_2occ, Rbg und II 10y — herausgegriffen und für jeden Katalog die Bossschen und AUWERSschen Gewichte als Funktion der Zahl n der Beobachtungen aufgetragen. Zwanglos hindurchgelegten Kurvenzügen konnten sodann für vier nichtäquidistante n-Werte die Relationen zwischen Boss und AUWERS und daraus eine gemittelte Verhältniszahl zwischen den Gewichtssystemen des betreffenden Einzelkatalogs gebildet werden. Das Mittel der sechs Quotienten ergab schließlich die gesuchte Beziehung:

$$p(\alpha)_{GC} = 0.7\ p(\alpha)_{\text{AUWERS}} \qquad p(\delta)_{GC} = 1.4\ p(\delta)_{\text{AUWERS}}$$

Wenden wir uns nunmehr der Einzelbetrachtung zu, beginnend mit den Gewichtsverzeichnissen von Boss und AUWERS, um dann zur Gewichtserrechnung der von Boss und AUWERS nicht erfaßten Kataloge überzugehen.

1. Die Gewichtsangaben für die in Appendix III von Band I des GC aufgeführten Meridiankataloge bedürfen keiner näheren Erläuterung. Die gesuchten Gewichte können ohne weiteres mit dem Argument der Anzahl n der Beobachtungen entnommen werden.

2. Die AUWERSschen Gewichtstafeln in AN 151.225 ff. können für drei hier in Betracht kommende Kataloge herangezogen werden.

a) Bo VI: Zwar ist dieser Katalog nicht unmittelbar verzeichnet; da aber Instrument und Beobachter ganz, Beobachtungsepoche und Anzahl der Beobachtungen nahezu mit den bei AUWERS aufgeführten Bonner Beobachtungen der 160 „gemeinschaftlichen Sterne" übereinstimmen, dürfte es erlaubt sein, deren Gewichtsangabe, in Rektaszension 2.3 und in Deklination 0.8, für unsere Zwecke zu übernehmen. Berücksichtigt man noch zusätzlich, daß die Beobachtungszahl der gemeinschaftlichen Sterne 8 bis 9, die der Sterne E und F in Bo VI aber 12 ist, so ist eine Erhöhung der Gewichtsangaben in gleichem Verhältnis auf etwa 3 und 1 angebracht. Mittels der vorhin abgeleiteten Umrechnungsrelation ergibt sich so im Gewichtssystem des GC für die beiden Sterne:

$$\text{*E} \qquad p_\alpha = 2.0 \qquad p_\delta = 1.4$$

$$\text{*F} \qquad p_\alpha = 2.0 \qquad p_\delta = 1.4.$$

Das Verhältnis dieser Zahlen steht in guter Übereinstimmung mit den von BATTERMANN in Beob.-Ergebn. Berlin Nr. 12 für Bo VI mit 10 und 8 in α bzw. δ angegebenen Gewichten.

*			1800 +		n	system. Korrektion auf		auf FK 3		p
				$2^h\,16^m$					$2^h\,16^m$	
A	Krue	12	61.5	23^s645		NFK	$+0^s014$	-0^s049	23^s610	1.4
	Pu$_2$occ	64	70.4	.706	1	GC	− .108	+ .001	.599	0.5
	Hels	2113	73.5	.666	2	GC	− .043	.000	.623	0.25
	Young	78	74.41	.668	12	NFK	+ .022	− .053	.637	0.6
	Rbg	551								
	Wa$_2$	484	84.5	.786	6	GC	− .127	− .005	.654	1.0
	Strb$_2$II	106	84.9	.436	1	GC	− .036	− .005	.395	0.4
	KüBl$_1$	90	85.1	.556	1	GC	− .064	− .005	.487	1.0
	Par$_{90}$	2751	85.2	.574	3	GC	− .014	− .005	.555	0.25
	Oert$_{ref}$	74	88.1	.530		NFK	− .003	− .058	.469	0.2
	(Br–St)$_{II}$	630	91.71	.704	1	GC	− .043	− .008	.653	0.3
	Schur	f	93.75	.649		NFK	+ .022	− .060	.611	3.5
	Mess	312	99.75	.661	2	NFK	+ .022	− .062	.621	5
	Vat 252	18676	108.04	.846	1	GC	− .043	− .014	.789	1.0
	Hff	315	108.44	.652	2	GC	− .043	− .014	.595	1.0
	Bo 16 Mö	143	109.95	.639	2	NFK	.000	− .065	.574	1.8
	Wash$_{00}$	467	110.04	.681	7	GC	− .009	− .015	.657	5.0
	Vat 251	16628	111.98	.826	1	GC	− .043	− .016	.767	1.0
	Vat 132	19676	114.90	.670	1	GC	− .043	− .017	.610	1.0
	Wash$_{10}$II	235								
	Hels$_1$ Schl	2113	116.30	.726	2	GC	− .062	− .017	.647	4
	AGK 2		129.83	.57	2	FK 3		.000	.570	6
	Ju	55200	133.91	.604	2	FK 3		.000	.604	8
				$2^h\,16^m$					$2^h\,16^m$	
B	Krue	35	61.5	6^s823		NFK	$+0^s014$	-0^s049	6^s788	1.4
	Young	72	74.35	6.842	7	NFK	+ .022	− .053	.811	0.4
	Oert$_{ref}$	72	88.1	6.745		NFK	− .003	− .058	.684	0.2
	(Br–St)$_{II}$	581	91.71	6.715	1	GC	− .057	− .008	.650	0.3
	Mess	292	99.75	6.850	2	NFK	+ .022	− .062	.810	5
	Vat 252	18539	108.04	6.893	1	GC	− .057	− .014	.822	1.0
	Vat 251	16572	111.98	7.005	1	GC	− .057	− .016	.932	1.0
	Vat 132	19546	114.90	6.847	1	GC	− .057	− .017	.773	1.0
	AGK 2		129.83	6.61	2	FK 3		.000	.610	6
	Ju	55191	133.91	6.749	2	FK 3		.000	.749	8
				$2^h\,15^m$					$2^h\,15^m$	
C	Krue	25	61.5	16^s494		NFK	$+0^s014$	-0^s049	16^s459	1.4
	Young	51	74.41	.470	12	NFK	+ .022	− .053	.439	0.6
	Hels	2082	78.9	.930	1	GC	− .057	− .002	.871	0.15
	Oert$_{ref}$	57	88.1	.416		NFK	− .003	− .058	.355	0.2
	(Br-St)$_{II}$	382	91.71	.581	1	GC	− .057	− .007	.517	0.3
	Mess	171	99.75	.490	2	NFK	+ .022	− .062	.450	5
	Vat 252	18517	108.04	.615	1	GC	− .057	− .014	.544	1.0
	Hff	90	108.44	.582	2	GC	− .057	− .014	.511	1.0
	Vat 251	16560	111.98	.571	1	GC	− .057	− .016	.498	1.0
	Vat 132	19528	114.90	.503	1	GC	− .057	− .017	.429	1.0
	Hels$_1$ Schl	2082	116.30	.540	2	GC	− .065	− .017	.458	4
	AGK 2		129.83	.43	2	FK 3		.000	.430	6
	Ju	55110	133.91	.421	2	FK 3		.000	.421	8

AZ Persei für 1950.0

*			1800 +		n	system. Korrektion auf		auf FK 3		p
				+57°5′					+57°5′	
A	Krue	12	61.5	20″.05		NFK	−0″.09	+0″.12	20″.08	0.7
	Pu$_2$occ	64	72.7	20.65	13	GC	+ .21	+ .03	20.89	3.5
	Hels	2113	73.5	20.15	2	GC	+ .23	+ .03	20.41	0.35
	Young	78	74.41	20.19	12	NFK	+ .08	+ .11	20.38	1.0
	Rbg	551	75.7	20.15	9	GC	+ .21	+ .03	20.39	3.0
	Wa$_2$	484	84.5	20.45	6	GC	+ .25	+ .03	20.73	1.0
	Strb$_2$ II	106	85.0	19.75	22	GC	+ .05	+ .03	19.83	4.0
	KüBl$_1$	90	85.1	19.05	1	GC	+ .24	+ .03	19.32	1.0
	Par$_{90}$	2751	85.2	20.49	3	GC	+ .16	+ .03	20.68	0.6
	Oert$_{ref}$	74	88.1	19.89		NFK	+ .07	+ .10	20.06	2.8
	(Br–St)$_{II}$	630	91.71	19.69	1	GC	+ .23	+ .03	19.95	0.3
	Schur	f	93.75	20.18		NFK	+ .08	+ .10	20.36	4
	Mess	312	99.75	20.23	2	NFK	+ .08	+ .10	20.41	4
	Vat 252	18676	108.04	19.87	1	GC	+ .23	+ .03	20.13	0.8
	Hff	315	108.44	19.07	2	GC	+ .23	+ .03	19.33	0.6
	Bo 16 Mö	143	109.95	20.02	2	NFK	.00	+ .09	20.11	2.8
	Wash$_{00}$	467	110.04	20.12	7	GC	− .15	+ .04	20.01	5.0
	Vat 251	16628	111.98	19.09	1	GC	+ .23	+ .04	19.36	0.8
	Vat 132	19676	114.90	20.08	1	GC	+ .23	+ .04	20.35	0.8
	Wash$_{10}$ II	235	115.03	20.25	11	GC	+ .04	+ .04	20.33	7.0
	Hels$_1$ Schl	2113	116.30	20.45	2	GC	+ .14	+ .04	20.63	4
	AGK 2		129.83	19.8	2	FK 3		.00	19.80	6
	Ju	55200	133.91	19.84	2	FK 3		.00	19.84	6
				+57°2′					+57°2′	
B	Krue	35	61.5	26″.85		NFK	−0″.09	+0″.12	26″.88	0.7
	Young	72	74.35	26.88	7	NFK	+ .08	+ .12	27.08	0.7
	Oert$_{ref}$	72	88.1	26.69		NFK	+ .07	+ .11	26.87	2.8
	(Br–St)$_{II}$	581	91.71	25.88	1	GC	+ .23	+ .03	26.14	0.3
	Mess	292	99.75	27.20	2	NFK	+ .08	+ .10	27.38	4
	Vat 252	18539	108.04	27.16	1	GC	+ .23	+ .03	27.42	0.8
	Vat 251	16572	111.98	26.38	1	GC	+ .23	+ .04	26.65	0.8
	Vat 132	19546	114.90	26.23	1	GC	+ .23	+ .04	26.50	0.8
	AGK 2		129.83	26.7	2	FK 3		.00	26.70	6
	Ju	55191	133.91	27.08	2	FK 3		.00	27.08	6
				+57°0′					+57°0′	
C	Krue	25	61.5	36″.32		NFK	−0″.09	+0″.12	36″.35	0.7
	Young	51	74.41	36.61	12	NFK	+ .08	+ .11	36.80	1.0
	Hels	2082	78.9	35.33	1	GC	+ .23	+ .03	35.59	0.2
	Oert$_{ref}$	57	88.1	36.33		NFK	+ .07	+ .11	36.51	2.8
	(Br–St)$_{II}$	382	91.71	35.40	1	GC	+ .23	+ .03	35.66	0.3
	Mess	171	99.75	36.70	2	NFK	+ .08	+ .10	36.88	4
	Vat 252	18517	108.04	37.22	1	GC	+ .23	+ .03	37.48	0.8
	Hff	90	108.44	35.73	2	GC	+ .23	+ .03	35.99	0.6
	Vat 251	16560	111.98	37.10	1	GC	+ .23	+ .04	37.37	0.8
	Vat 232	19528	114.90	36.53	1	GC	+ .23	+ .04	36.80	0.8
	Hels$_1$Schl	2082	116.30	37.23	2	GC	+ .14	+ .04	37.41	4
	AGK 2		129.83	36.9	2	FK 3		.00	36.90	6
	Ju	55110	133.91	36.77	2	FK 3		.00	36.77	6

*			1800 +		n	system. Korrektion auf		auf FK 3		p
				$2^h\ 14^m$					$2^h\ 14^m$	
D	RüH	1662	43.0	56^s838	1	NFK	$+0^s049$	-0^s042	56^s845	0.07
	RC	660	45.6	.628	3	GC	− .066	+ .011	.573	0.2
	Krue	4	61.5	.442		NFK	+ .014	− .049	.407	1.4
	Pu_2occ	60	65.9	.698	1	GC	− .108	+ .003	.593	0.5
	Q	868	67.3	.518	3	GC	− .071	+ .002	.449	0.3
	Young	40	74.41	.456	12	NFK	+ .022	− .053	.425	0.6
	Hels	2073	79.0	.578	2	GC	− .043	− .002	.533	0.25
	$Oert_{ref}$	52	88.1	.395		NFK	− .003	− .058	.334	0.2
	$(Br–St)_{II}$	311	91.71	.528	1	GC	− .043	− .008	.477	0.3
	Schur	d	93.75	.454		NFK	+ .022	− .060	.416	3.5
	Mess	134	99.75	.462	2	NFK	+ .022	− .062	.422	5
	Vat 252	18500	108.04	.604	1	GC	− .043	− .014	.547	1.0
	Hff	7	108.44	.606	2	GC	− .043	− .014	.549	1.0
	Vat 251	16428	111.98	.524	1	GC	− .043	− .016	.465	1.0
	Vat 132	19295	114.90	.408	1	GC	− .043	− .017	.348	1.0
	$Hels_1$ Schl	2073	116.30	.488	2	GC	− .062	− .017	.409	4
	Bgd_{25}	448	121.92	.452	2	GC	− .060	− .019	.373	2.0
	AGK 2		129.83	.41	2	FK 3		.000	.410	6
	Ju	5585	133.91	.406	2	FK 3		.000	.406	8
				$2^h\ 15^m$					$2^h\ 15^m$	
E	Pi 2^h	36	03:	41^s933	5	GC	$+0^s223$	$+0^s027$	42^s183	0.03
	Grb	490	13.7	42.033	6	GC	− .099	+ .023	41.957	0.3
	TayD	745	41.0	41.933	3	GC	− .035	+ .012	41.910	0.1
	RC	670								
	RüH	1672	43.0	42.253	1	NFK	+ .049	− .043	42.259	0.07
	RC	670	47.3	42.073	3	GC	− .046	+ .010	42.037	0.2
	Rob	499	53.9	42.073	2	GC	− .075	+ .007	42.005	0.1
	Par_2	2837	58.9	42.093	2	GC	− .009	+ .005	42.089	0.2
	Pu Mo	217	61.1	42.083	2	GC	− .056	+ .004	42.031	0.5
	Krue	2	61.5	42.070		NFK	+ .014	− .049	42.035	1.4
	Q	879	62.4	42.183	2	GC	− .064	+ .004	42.123	0.2
	Bo VI		63.3	42.083	12	NFK	+ .014	− .050	42.047	2.0
	Ya	1055	65.3	42.123	2	GC	− .065	+ .003	42.061	0.2
	Pu_2occ	63	65.9	42.143	3	GC	− .096	+ .003	42.050	1.5
	Kam_2	779	68.0	42.043	2	NFK	− .094	− .051	41.898	0.4
	Gl	499	69.2	42.013	3	NFK	+ .045	− .052	42.006	0.15
	Hels	2093	70.1	41.983	3	GC	− .033	+ .001	41.951	0.35
	Gl	499								
	Young	67	74.41	42.053	12	NFK	+ .022	− .053	42.022	0.6
	$Oert_{ref}$	19	88.1	42.063		NFK	− .003	− .058	42.002	0.2
	$(Br–St)_{II}$	504	91.71	42.121	1	GC	− .033	− .008	42.080	0.3
	AN 136.173	173	93.0	41.943	3	NKF	− .001	− .059	41.883	0.3
	Schur	e	93.75	42.048		NFK	+ .022	− .060	42.010	3.5
	II 10 y	768	94.9	42.013	5½	GC	− .035	− .009	41.969	1.5
	LG_2	157								
	LG_3	396								
	Mess	251	99.75	42.036	2	NFK	+ .022	− .062	41.996	5
	Ci_3	451	99.9	42.133	3	GC	− .068	− .011	42.054	0.6
	LG_3	396	101.9	42.116	6	NFK	− .004	− .062	42.050	1.5
	$Oert_2$	212	104.71	42.039	9	GC	− .027	− .013	41.999	3.5
	Vat 252	18328	108.04	42.118	1	GC	− .033	− .014	42.071	1.0

für 1950.0 (Fortsetzung)

*			1800 +		n	system. Korrektion auf		auf FK 3		p
				+56°58′					+56°58′	
D	RüH	1662	43.0	48.″60	1	NFK	−0.″10	+0.″14	48.″64	0.0
	RC ′	660	43.6	41.80	2	GC	+ .23	+ .02	42.05	0.3
	Krue	4	61.5	40.56		NFK	− .09	+ .12	40.59	0.7
	Pu_2occ	60								
	Q	868	66.0	40.50	2	GC	+ .32	+ .03	40.85	0.5
	Young	40	74.41	41.04	12	NFK	+ .08	+ .12	41.24	1.0
	Hels	2073	79.0	40.00	2	GC	+ .23	+ .03	40.26	0.35
	$Oert_{ref}$	· 52	88.1	40.62		NFK	+ .07	+ .10	40.79	2.8
	$(Br–St)_{II}$	311	91.71	41.23	1	GC	+ .23	+ .03	41.49	0.3
	Schur	d	93.75	40.96		NFK	+ .08	+ .10	41.14	4
	Mess	134	99.75	41.17	2	NFK	+ .08	+ .10	41.35	4
	Vat 252	18500	108.04	41.06	1	GC	+ .23	+ .04	41.33	0.8
	Hff	7	108.44	40.06	2	GC	+ .23	+ .04	40.33	0.6
	Vat 251	16428	111.98	42.47	1	GC	+ .23	+ .04	42.74	0.8
	Vat 132	19295	114.90	41.24	1	GC	+ .23	+ .04	41.51	0.8
	$Hels_1$ Schl	2073	116.30	41.40	2	GC	+ .14	+ .04	41.58	4
	Bgd_{25}	448	121.92	41.07	2	GC	− .01	+ .04	41.10	2.0
	AGK 2		129.83	41.1	2	FK 3		.00	41.10	6
	Ju	55 85	133.91	41.43	2	FK 3		.00	41.43	6
				+56°56′					+56°56′	
E	Pi 2^h	36	03:	22.″67	5	GC	+0.″14	+0.″01	22.″82	0.1
	Grb	490	13.7	25.37	6	GC	+ .01	+ .01	25.39	0.6
	TayD	745	37.7	20.17	1	GC	+ .53	+ .02	20.72	0.1
	RC	670	42.1	22.07	4	GC	+ .22	+ .02	22.31	0.4
	RüH	1672	43.0	24.27	1	NFK	− .10	+ .13	24.30	0.1
	RC	670								
	Rob	499	52.9	20.37	3	GC	− .09	+ .02	20.30	0.25
	Par_2	2837								
	PuMo	217	61.1	20.77	2	GC	+ .27	+ .02	21.06	0.4
	Krue	2	61.5	21.77		NFK	− .09	+ .12	21.80	0.7
	Q	879	63.3	21.47	5	GC	+ .32	+ .02	21.81	0.7
	Bo VI		63.3	21.67	12	NFK	− .09	+ .12	21.70	1.4
	Ya	1055	66.9	22.07	2	GC	+ .18	+ .02	22.27	0.2
	Pu_2occ	63								
	Kam_2	779	68.0	22.27	2	NFK	+ .71	+ .12	23.10	0.7
	Gl	499								
	Hels	2093	70.1	21.27	3	GC	+ .23	+ .03	21.53	0.5
	Gl	499	73.8	20.07	5	NFK	− .72	+ .12	19.47	0.4
	Young	67	74.41	21.94	12	NFK	+ .08	+ .11	22.13	1.0
	$Oert_{ref}$	19	88.1	21.65		NFK	+ .07	+ .11	21.83	2.8
	$(Br–St)_{II}$	504	91.71	21.05	1	GC	+ .23	+ .03	21.31	0.3
	AN 136.173	173	93.0	19.57	3	NFK	+ .15	+ .10	19.82	0.7
	Schur	e	93.75	21.98		NFK	+ .08	+ .10	22.16	4
	II 10 y	768	95.1	22.07	4⅓	GC	+ .11	+ .03	22.21	1.2
	LG_2	157	97.5	21.67	10	NFK	+ .18	+ .10	21.95	1.0
	LG_3	396	97.5	21.76	10	NFK	+ .18	+ .10	22.04	1.0
	Mess	251	99.75	22.25	2	NFK	+ .08	+ .10	22.43	4
	Ci_3	451	99.9	20.97	3	GC	+ .40	+ .03	21.40	0.5
	LG_3	396								
	$Oert_2$	212	104.75	22.23	7	GC	− .10	+ .03	22.16	3.0
	Vat 252	18328	108.04	22.26	1	GC	+ .23	+ .03	22.52	0.8

*			1800 +		n	system. Korrektion auf		auf FK 3		p
				$2^h\,15^m$					$2^h\,15^m$	
E	Hff	267	108.44	42^s148	2	GC	-0^s033	-0^s014	42^s101	1.0
	Bo 16 Mö	141	109.97	42.062	2	NFK	.000	− .065	41.997	1.8
	Vat 251	16478	111.98	42.134	1	GC	− .033	− .016	42.085	1.0
	Vat 132	19349	114.90	42.142	1	GC	− .033	− .017	42.092	1.0
	$Hels_1$ Schl	2093	116.30	42.143	2	GC	− .060	− .017	42.066	4
	II Grw_{25}	1066	127.9	42.023	5	FK 3	− .022	.000	42.001	6.6
	AGK 2		129.83	41.93	2	FK 3		.000	41.930	6
	Ju	55168	133.91	41.978	2	FK 3		.000	41.978	8
				$2^h\,15^m$					$2^h\,15^m$	
F	Br_{45}	447	−53.0	32^s859	1	NFK	-0^s070	-0^s015	32^s774	0.02
	Br	316								
	Pi 2^h	35	03:	.439	5	GC	+ .223	+ .027	.689	0.03
	Grb	488	13.7	.459	6	GC	− .098	+ .023	.384	0.3
	TayD	744	39.0	.829	3	GC	− .035	+ .013	.807	0.1
	RC	665								
	$Do_{50}Cl$	33	47	.749	5					
	RC	665	47.1	.909	5	GC	− .046	+ .010	.873	0.3
	Rob	496	53.9	.679	2	GC	− .075	+ .007	.611	0.1
	RC_2	279	56.9	.679	2	GC	− .063	+ .006	.622	0.15
	Par_2	2835	58.9	.819	2	GC	− .009	+ .005	.815	0.2
	Krue	1	61.5	.708		NFK	+ .014	− .049	.673	1.4
	PuM	327	63.0	.779	6	GC	− .056	+ .004	.727	1.5
	Bo VI		63.5	.729	12	NFK	+ .014	− .050	.693	2.0
	Q	877	63.9	.809	2	GC	− .064	+ .003	.748	0.2
	Ya	1053	65.3	.739	2	GC	− .066	+ .003	.676	0.2
	Pu_2occ	61	65.9	.779	7	GC	− .096	+ .003	.686	3.0
	Kam_2	777–8	68.7	.759	4	NFK	− .094	− .051	.614	0.8
	Hels	2088	70.1	.629	3	GC	− .033	+ .001	.597	0.35
	Young	60	74.41	.704	12	NFK	+ .022	− .053	.673	0.6
	Be	48	77.8	.759	4	GC	− .088	− .002	.669	1.5
	Sto I	143	84.6	.659	5	GC	− .050	− .005	.604	1.0
	$Oert_{ref}$	1	88.1	.777		NFK	− .003	− .058	.716	0.2
	$(Br–St)_{II}$	462	91.71	.706	1	GC	− .033	− .008	.665	0.3
	AN 135.35		93.0	.759	2	NFK	− .001	− .059	.699	0.2
	II 10 y	765	94.8	.649	6	GC	− .035	− .009	.605	1.5
	LG_2	156								
	LG_3	395								
	Mess	229	99.75	.736	2	NFK	+ .022	− .062	.696	5
	Ci_3	448	99.9	.779	3	GC	− .068	− .011	.700	0.6
	$Pu_{15}Ny$	1152								
	LG_3	395	101.9	.726	6	NFK	− .004	− .062	.660	1.5
	Bm_3	48	103.04	.699	2	GC	− .033	− .012	.654	2.0
	$Oert_2$	210	104.67	.685	11	GC	− .027	− .013	.645	4.0
	Vat 252	18309	108.04	.692	1	GC	− .033	− .014	.645	1.0
	Hff	203	108.44	.734	2	GC	− .033	− .014	.687	1.0
	Bo 16 Mö	140	109.97	.733	2	NFK	.000	− .065	.668	1.8
	Vat 251	16469	111.98	.744	1	GC	− .033	− .016	.695	1.0
	Vat 132	19338	114.90	.648	1	GC	− .033	− .017	.598	1.0
	$Hels_1$ Schl	2088	116.30	.769	2	GC	− .060	− .017	.692	4
	II Grw_{25}	1065	128.1	.677	5	FK 3	− .022	.000	.655	6.6
	AGK 2		129.83	.61	2	FK 3		.000	.610	6
	Ju	55154	133.91	.628	2	FK 3		.000	.628	8

für 1950.0 (Fortsetzung)

*			1800 +		n	system. Korrektion auf		auf FK 3		p
				+56°56′					+56°56′	
E	Hff	267	108.44	21″.60	2	GC	+0″.23	+0″.03	21″.86	0.6
	Bo 16 Mö	141	110.01	22.38	3	NFK	.00	+ .09	22.47	4.2
	Vat 251	16478	111.98	21.69	1	GC	+ .23	+ .03	21.95	0.8
	Vat 132	19349	114.90	21.45	1	GC	+ .23	+ .04	21.72	0.8
	$Hels_1$ Schl	2093	116.30	22.27	2	GC	+ .14	+ .04	22.45	4
	II Grw_{25}	1066	127.9	20.95	5	FK 3	+ .26	.00	21.21	5.6
	AGK 2		129.83	22.1	2	FK 3		.00	22.10	6
	Ju	55168	133.91	22.38	2	FK 3		.00	22.38	6
				+56°54′					+56°54′	
F	Br_{45}	447								
	Br	316	−47.0	20″.94	1	GC	−0″.18	0″.00	20″.76	0.05
	Pi 2^h	35	03:	20.14	5	GC	+ .14	+ .01	20.29	0.1
	Grb	488	13.7	22.04	6	GC	+ .01	+ .01	22.06	0.6
	TayD	744	40.2	19.94	5	GC	+ .53	+ .02	20.49	0.2
	RC	665	42.2	20.24	4	GC	+ .22	+ .02	20.48	0.4
	Do_{50} Cl	33	47	20.14	5					
	RC	665								
	Rob	496	52.9	16.44	3	GC	− .09	+ .02	16.37	0.25
	RC_2	279	58.2	19.74	4	GC	+ .66	+ .02	20.42	0.25
	Par_2	2835								
	Krue	1	61.5	19.79		NFK	− .09	+ .12	19.82	0.7
	PuM	327	63.0	20.44	6	GC	+ .27	+ .02	20.73	1.0
	Bo VI		63.5	19.94	12	NFK	− .09	+ .12	19.97	1.4
	Q	877	64.2	19.94	5	GC	+ .31	+ .02	20.27	0.7
	Ya	1053	66.9	20.64	2	GC	+ .18	+ .02	20.84	0.2
	Pu_2occ	61								
	Kam_2	777–8	68.7	19.94	4	NFK	+ .71	+ .12	20.77	1.3
	Hels	2088	70.1	18.94	3	GC	+ .23	+ .03	19.20	0.5
	Young	60	74.41	20.15	12	NFK	+ .08	+ .11	20.34	1.0
	Be	48	77.8	19.64	4	GC	+ .35	+ .03	20.02	1.5
	Sto I	143	80.5	21.24	4	GC	+ .24	+ .03	21.51	0.4
	$Oert_{ref}$	1	88.1	19.80		NFK	+ .07	+ .11	19.98	2.8
	$(Br–St)_{II}$	462	91.71	20.21	1	GC	+ .23	+ .03	20.47	0.3
	AN 135.35		93.0	21.14	3	NFK	+ .15	+ .10	21.39	0.5
	II 10 y	765	95.1	20.44	4⅓	GC	+ .11	+ .03	20.58	1.2
	LG_2	156	97.0	20.74	11	NFK	+ .18	+ .10	21.02	1.0
	LG_3	395	97.0	20.64	11	NFK	+ .18	+ .10	20.92	1.0
	Mess	229	99.75	20.13	2	NFK	+ .08	+ .10	20.31	4
	Ci_3	448	99.9	20.04	3	GC	+ .40	+ .03	20.47	0.5
	Pu_{15}Ny	1152	101.8	20.84	7	GC	− .05	+ .03	20.82	5.0
	LG_3	395								
	Bm_3	48	103.04	20.40	2	GC	+ .12	+ .03	20.55	2.0
	$Oert_2$	210	104.38	20.49	6	GC	− .10	+ .03	20.42	2.5
	Vat 252	18309	108.04	18.83	1	GC	+ .23	+ .03	19.09	0.8
	Hff	203	108.44	19.70	2	GC	+ .23	+ .03	19.96	0.6
	Bo 16 Mö	140	110.01	20.17	3	NFK	.00	+ .09	20.26	4.2
	Vat 251	16469	111.98	19.82	1	GC	+ .23	+ .03	20.08	0.8
	Vat 132	19338	114.90	19.13	1	GC	+ .23	+ .04	19.40	0.8
	$Hels_1$ Schl	2088	116.30	20.04	2	GC	+ .14	+ .04	20.22	4
	II Grw_{25}	1065	128.1	20.24	5	FK 3	+ .26	.00	20.50	5.6
	AGK 2		129.83	20.2	2	FK 3		.00	20.20	6
	Ju	55154	133.91	20.42	2	FK 3		.00	20.42	6

*			1800 +		n	system. Korrektion auf		auf FK 3		p
				$2^{h}\,15^{m}$					$2^{h}\,15^{m}$	
G	Krue	6	61.5	$8^{s}808$		NFK	$+0^{s}014$	$-0^{s}049$	$8^{s}773$	1.4
	Young	46	74.41	.765	12	NFK	+ .022	− .053	.734	0.6
	Hels	2078	80.0	.824	2	GC	− .053	− .003	.768	0.25
	$\mathrm{Oert_{ref}}$	27	88.1	.860		NFK	− .003	− .058	.799	0.2
	$\mathrm{(Br\text{–}St)_{II}}$	353	91.71	.737	1	GC	− .053	− .008	.676	0.3
	Mess	158	99.75	.788	2	NFK	+ .022	− .062	.748	5
	Vat 252	18078	108.04	.988	1	GC	− .053	− .014	.921	1.0
	Hff	41	108.44	.885	2	GC	− .053	− .014	.818	1.0
	Vat 251	16322	111.98	.840	1	GC	− .053	− .015	.772	1.0
	Vat 132	19102	114.90	.796	1	GC	− .053	− .017	.726	1.0
	$\mathrm{Hels_{1}Schl}$	2078	116.30	.854	2	GC	− .064	− .017	.773	4
	AGK 2		129.83	.70	2	FK 3		.000	.700	6
	Ju	55101	133.91	.723	2	FK 3		.000	.723	8
				$2^{h}\,15^{m}$					$2^{h}\,15^{m}$	
H	Krue	13	61.5	$16^{s}475$		NFK	$+0^{s}014$	$-0^{s}049$	$16^{s}440$	1.4
	Young	52	74.41	.422	12	NFK	+ .022	− .053	.391	0.6
	Hels	2083	80.0	.482	2	GC	− .051	− .003	.428	0.25
	$\mathrm{Par_{90}}$	2723	84.9	.380	1	GC	− .027	− .005	.348	0.1
	$\mathrm{Oert_{ref}}$	30	88.1	.559		NFK	− .003	− .058	.498	0.2
	$\mathrm{(Br\text{–}St)_{II}}$	385	91.71	.430	1	GC	− .051	− .007	.372	0.3
	Mess	173	99.75	.424	2	NFK	+ .022	− .062	.384	5
	Vat 252	18084	108.04	.574	1	GC	− .051	− .014	.509	1.0
	Hff	93	108.44	.556	2	GC	− .051	− .014	.491	1.0
	Vat 251	16327	111.98	.522	1	GC	− .051	− .015	.456	1.0
	Vat 132	19109	114.90	.580	1	GC	− .051	− .016	.513	1.0
	$\mathrm{Hels_{1}\ Schl}$	2083	116.30	.512	2	GC	− .064	− .017	.431	4
	AGK 2		129.83	.36	2	FK 3		.003	.360	6
	Ju	55109	133.91	.362	2	FK 3		.000	.362	8
				$2^{h}14^{m}$					$2^{h}14^{m}$	
I	Krue	20	61.5	$51^{s}667$		NFK	$+0^{s}014$	$-0^{s}049$	$51^{s}632$	1.4
	Hels	2070	80.0	.622	2	GC	− .051	− .000	.568	0.25
	$\mathrm{Oert_{ref}}$	35	88.1	.763		NFK	− .003	− .058	.702	0.2
	$\mathrm{(Br\text{–}St)_{II}}$	292	91.71	.764	1	GC	− .051	− .007	.706	0.3
	Mess	121	99.75	.668	2	NFK	+ .022	− .062	.628	5
	Vat 252	18071	108.04	.816	1	GC	− .051	− .014	.751	1.0
	Vat 251	16229	111.98	.752	1	GC	− .051	− .015	.686	1.0
	Vat 132	18940	114.90	.738	1	GC	− .051	− .017	.670	1.0
	$\mathrm{Hels_{1}\ Schl}$	2070	116.30	.702	2	GC	− .064	− .017	.621	4
	AGK 2		129.83	.58	2	FK 3		.000	.580	6
	Ju	5579	133.91	.537	2	FK 3		.000	.537	8

für 1950.0 (Fortsetzung)

*			1800 +		n	system. Korrektion auf		auf FK 3		p
				+56°52′					+56°52′	
G	Krue	6	61.5	14.″28		NFK	−0.″09	+0.″12	14.″31	0.7
	Young	46	74.41	14.46	12	NFK	+ .08	+ .11	14.65	1.0
	Hels	2078	80.0	13.95	2	GC	+ .23	+ .03	14.21	0.35
	$\mathrm{Oert}_{\mathrm{ref}}$	27	88.1	14.13		NFK	+ .07	+ .11	14.31	2.8
	$(\mathrm{Br–St})_{\mathrm{II}}$	353	91.71	14.33	1	GC	+ .23	+ .03	14.59	0.3
	Mess	158	99.75	14.49	2	NFK	+ .08	+ .10	14.67	4
	Vat 252	18078	108.04	14.46	1	GC	+ .23	+ .03	14.72	0.8
	Hff	41	108.44	14.06	2	GC	+ .23	+ .03	14.32	0.6
	Vat 251	16322	111.98	15.00	1	GC	+ .23	+ .03	15.26	0.8
	Vat 132	19102	114.90	14.55	1	GC	+ .23	+ .04	14.82	0.8
	$\mathrm{Hels}_1\mathrm{Schl}$	2078	116.30	14.65	2	GC	+ .14	+ .04	14.83	4
	AGK 2		129.83	14.6	2	FK 3		.00	14.60	6
	Ju	55101	133.91	14.77	2	FK 3		.00	14.77	6
				+56°50′					+56°50′	
H	Krue	13	61.5	13.″74		NFK	−0.″09	+0.″12	13.″77	0.7
	Young	52	74.41	13.87	12	NFK	+ .08	+ .11	14.06	1.0
	Hels	2083	80.0	13.03	2	GC	+ .22	+ .03	13.28	0.35
	Par_{90}	2723								
	$\mathrm{Oert}_{\mathrm{ref}}$	30	88.1	13.53		NFK	+ .07	+ .11	13.71	2.8
	$(\mathrm{Br–St})_{\mathrm{II}}$	385	91.71	14.50	1	GC	+ .22	+ .03	14.75	0.3
	Mess	173	99.75	13.91	2	NFK	+ .08	+ .10	14.09	4
	Vat 252	18084	108.04	13.73	1	GC	+ .22	+ .03	13.98	0.8
	Hff	93	108.44	13.73	2	GC	+ .22	+ .03	13.98	0.6
	Vat 251	16327	111.98	14.84	1	GC	+ .22	+ .03	15.09	0.8
	Vat 132	19109	114.90	13.48	1	GC	+ .22	+ .03	13.73	0.8
	$\mathrm{Hels}_1\mathrm{Schl}$	2083	116.30	14.43	2	GC	+ .15	+ .04	14.62	4
	AGK 2		129.83	14.1	2	FK 3		.00	14.10	6
	Ju	55109	133.91	14.10	2	FK 3		.00	14.10	6
				+56°48′					+56°48′	
I	Krue	20	61.5	32.″69		NFK	−0.″09	+0.″12	32.″72	0.7
	Hels	2070	80.0	31.30	2	GC	+ .22	+ .03	31.55	0.35
	$\mathrm{Oert}_{\mathrm{ref}}$	35	88.1	32.07		NFK	+ .07	+ .11	32.25	2.8
	$(\mathrm{Br–St})_{\mathrm{II}}$	292	91.71	32.47	1	GC	+ .22	+ .03	32.72	0.3
	Mess	121	99.75	32.41	2	NFK	+ .08	+ .10	32.59	4
	Vat 252	18071	108.04	32.32	1	GC	+ .22	+ .03	32.57	0.8
	Vat 251	16229	111.98	32.11	1	GC	+ .22	+ .04	32.37	0.8
	Vat 132	18940	114.90	31.93	1	GC	+ .22	+ .04	32.19	0.8
	$\mathrm{Hels}_1\mathrm{Schl}$	2070	116.30	32.80	2	GC	+ .15	+ .04	32.99	4
	AGK 2		129.83	32.5	2	FK 3		.00	32.50	6
	Ju	5579	133.91	32.28	2	FK 3		.00	32.28	6

*			1800 +		n	system. Korrektion auf		auf FK 3		p
				2^h14^m					2^h14^m	
Z	Krue	5	61.5	51^s829		NFK	$+0^s014$	-0^s049	51^s794	1.4
	Pu_2occ	7								
	Young	39	74.41	51.809	12	NFK	+ .022	− .053	51.778	0.6
	Rbg	540								
	Hels	2071	80.0	52.113	2	GC	− .044	− .003	52.066	0.25
	Wa_2	479	80.9	51.943	4	GC	− .128	− .003	51.812	0.6
	Par_{90}	2715	84.9	51.752	6	GC	− .015	− .005	51.732	0.5
	$Strb_2$ II	104								
	$KüBl_1$	86	85.1	51.863	3	GC	− .064	− .005	51.794	3.0
	$Oert_{ref}$	34	88.1	51.983		NFK	− .003	− .058	51.922	0.2
	$(Br–St)_{II}$	293	91.71	51.882	1	GC	− .044	− .007	51.831	0.3
	Schur	c	93.75	51.811		NFK	+ .022	− .060	51.773	3.5
	Mess	122	99.75	51.822	2	NFK	+ .022	− .062	51.782	5
	Vat 252	17930	108.04	51.832	1	GC	− .044	− .014	51.774	1.0
	Hff	6	108.44	51.967	2	GC	− .044	− .014	51.909	1.0
	Bo 16 Mö	138	109.95	51.926	2	NFK	.000	− .065	51.861	2.1
	$Wash_{00}$	461	110.04	51.866	7	GC	− .009	− .015	51.842	5.0
	Vat 251	16230	111.98	51.908	1	GC	− .044	− .015	51.849	1.0
	Vat 132	18942	114.90	51.884	1	GC	− .044	− .016	51.824	1.0
	$Wash_{10}$ II	229								
	$Hels_1$ Schl	2071	116.30	51.883	2	GC	− .062	− .017	51.804	4
	AGK 2		129.83	51.80	2	FK 3		.000	51.800	6
	Ju	55 80	133.91	51.756	2	FK 3		.000	51.756	8

b) Gl: Da die Position des Sterns E in diesem Katalog auf drei Beobachtungen in α und fünf in δ beruht, für die Auwers 0.2 bzw. 0.3 als Gewicht benennt, bekommt man im Gewichtssystem des GC:

$$*E \quad p_\alpha = 0.15 \qquad p_\delta = 0.4.$$

c) Kam_2: Gleichwie bei a) für die Sterne E und F die Beobachtungsumstände in Bonn und damit die Gewichtsfestsetzungen der beiden Sterne mit denen der 160 „gemeinschaftlichen Sterne" identifiziert werden durften, können auch hier die von Auwers für den Katalog Eng 1866 gegebenen Gewichtstafeln — der Katalog enthält die Beobachtungen der 160 „gemeinschaftlichen Sterne" durch Engelmann in Leipzig — für die Positionen der Sterne E und F in Kam_2 herangezogen werden. Für E mit $n = 2$ findet man $p_\alpha = 0.6$ und $p_\delta = 0.5$, für F mit $n = 4$ ist $p_\alpha = 1.1$ und $p_\delta = 0.9$. Die entsprechenden Gewichte im GC sind mithin:

$$*E \quad p_\alpha = 0.4 \qquad p_\delta = 0.7$$

$$*F \quad p_\alpha = 0.8 \qquad p_\delta = 1.3.$$

3. Als Anhang zu den soeben benutzten Gewichtstafeln für Sternkataloge hat Auwers in AN 151.273 eine Tabelle gegeben, die ursprünglich ermöglichen sollte, von den tabulierten Gewichtswerten zu den mittleren Fehlern der Sternpositionen überzugehen. Nichts hindert, den umgekehrten Weg zu gehen und die Tabelle zur Gewichtserrechnung für diejenigen Kataloge heranzuziehen, die in den eigentlichen Gewichtstafeln nicht verzeichnet sind, in denen sich aber in den Einführungsworten Angaben über die mittleren oder wahr-

für 1950.0 (Fortsetzung)

*			1800+		n	system. Korrektion auf		auf FK3		p
				+56°46′					+56°46′	
Z	Krue	5	61.5	$47\overset{''}{.}26$		NFK	$-0\overset{''}{.}09$	$+0\overset{''}{.}12$	$47\overset{''}{.}29$	0.7
	Pu_2occ	7	72.1	47.78	15	GC	+ .22	+ .03	48.03	4.0
	Young	39	74.41	47.38	12	NFK	+ .08	+ .12	47.58	1.0
	Rbg	540	75.7	47.58	9	GC	+ .21	+ .03	47.82	3.0
	Hels	2071	80.0	45.78	2	GC	+ .22	+ .03	46.03	0.35
	Wa_2	479	80.9	46.98	4	GC	+ .26	+ .03	47.27	0.7
	Par_{90}	2715	84.9	47.16	11	GC	+ .16	+ .03	47.35	2.0
	$Strb_2$II	104	85.0	46.88	23	GC	+ .06	+ .03	46.97	4.0
	Kü Bl_1	86	85.1	47.48	3	GC	+ .24	+ .03	47.75	3.0
	$Oert_{ref}$	34	88.1	46.90		NFK	+ .07	+ .11	47.08	2.8
	$(Br\text{-}St)_{II}$	293	91.71	46.96	1	GC	+ .22	+ .03	47.21	0.3
	Schur	c	93.75	47.44		NFK	+ .08	+ .10	47.62	4
	Mess	122	99.75	47.51	2	NFK	+ .08	+ .10	47.69	4
	Vat 252	17930	108.04	47.98	1	GC	+ .22	+ .03	48.23	0.8
	Hff	6	108.44	46.71	2	GC	+ .22	+ .03	46.96	0.6
	Bo 16 Mö	138	109.95	47.46	2	NFK	.00	+ .09	47.55	2.8
	$Wash_{00}$	461	110.04	47.97	7	GC	− .15	+ .03	47.85	5.0
	Vat 251	16230	111.98	46.87	1	GC	+ .22	+ .03	47.12	0.8
	Vat 132	18942	114.90	47.02	1	GC	+ .22	+ .04	47.28	0.8
	$Wash_{10}$II	229	115.03	47.79	11	GC	+ .04	+ .04	47.87	7.0
	$Hels_1$ Schl	2071	116.30	47.48	2	GC	+ .15	+ .04	47.67	4
	AGK 2		129.83	47.0	2	FK 3		.00	47.00	6
	Ju	55 80	133.91	47.33	2	FK 3		.00	47.33	6

scheinlichen Fehler einer Beobachtung oder einer Katalogposition finden. Für unsere Zwecke sind sodann die der Tabelle entnommenen Werte noch in das Gewichtssystem des GC zu übertragen.

a) RüH: Auf Seite X ist als mittlerer Fehler einer Einzelbeobachtung $\varepsilon_\alpha = \pm\, 0\overset{s}{.}108$ und $\varepsilon_\delta = \pm\, 1\overset{''}{.}35$ benannt. Da die Katalogposition der beiden Sterne D und E auf nur einer Beobachtung beruht, sind diese Zahlen zugleich die mittleren Fehler der Katalogangabe. Für beide Sterne folgt damit aus der Auwersschen Tabelle $p_\alpha = 0.1$ und $p_\delta = 0.08$ oder im Gewichtssystem des GC:

$$\begin{array}{lll} {*}\mathrm{D} & p_\alpha = 0.07 & p_\delta = 0.1 \\ {*}\mathrm{E} & p_\alpha = 0.07 & p_\delta = 0.1\,. \end{array}$$

b) $Hels_1$Schl: Auf Seite (17) der Einleitung ist der wahrscheinliche Fehler einer Katalogposition in α und δ zu $\pm\, 0\overset{''}{.}15$ angegeben, einem mittleren Fehler von $\pm\, 0\overset{s}{.}015$ bzw. $\pm\, 0\overset{''}{.}22$ entsprechend. Die der Auwersschen Tabelle hierfür zu entnehmenden Gewichtswerte sind $p_\alpha = 5.7$ und $p_\delta = 3$, also im System des GC:

$$\begin{array}{lll} {*}\mathrm{A} & p_\alpha = 4 & p_\delta = 4 \\ {*}\mathrm{C \text{ bis } {*}Z} & p_\alpha = 4 & p_\delta = 4\,. \end{array}$$

c) AN 135.35 und AN 136.173: Infolge des Fehlens jeder Genauigkeitsangabe dieser Reihen mußten die mittleren Fehler einer Einzelbeobachtung aus den veröffentlichten Einzelergebnissen zu $\pm\, 0\overset{s}{.}099$ bzw. $\pm\, 0\overset{''}{.}91$ errechnet werden, in α ohne Rücksichtnahme auf die Sterndeklination. Hieraus folgen für die mittleren Fehler der Positionen der

Sterne E und F als des arithmetischen Mittels aus zwei bzw. drei Beobachtungen $\pm$ 0ˢ057 und $\pm$ 0″52 bei E bzw. $\pm$ 0ˢ070 und $\pm$ 0″64 bei F, den AUWERSschen Gewichten 0.4 und 0.5 bzw. 0.3 und 0.3 zugehörig. Dies ergibt im System des GC:

$$*E \quad p_\alpha = 0.3 \qquad p_\delta = 0.7$$
$$*F \quad p_\alpha = 0.2 \qquad p_\delta = 0.5\,.$$

d) Bo 16 Mö: Auf Seite 9 der Einleitung sind in einer kleinen Tabelle, aufgespalten nach Sternhelligkeiten, die wahrscheinlichen Fehler einer Beobachtung in den Jahren 1909 bis 1911 verzeichnet, einer die Beobachtungsepochen der Sterne A, E, F und Z einschließenden Zeitspanne. Man entnimmt für die drei erstgenannten Sterne, sämtlich heller als $8^m.2$, $\pm$ 0″325 und $\pm$ 0″260, mit einem mittleren Fehler von $\pm$ 0ˢ032 und $\pm$ 0″386 identisch. Hieraus folgt der mittlere Fehler einer Katalogposition als des arithmetischen Mittels aus zwei, in Deklination bei E und F aus drei Einzelbeobachtungen zu $\pm$ 0ˢ023 und $\pm$ 0″273 bzw. $\pm$ 0″223. Die zugehörigen AUWERSschen Gewichte sind 2.5 und 2 bzw. 3, und man erhält im Gewichtssystem des GC:

$$*A \quad p_\alpha = 1.8 \qquad p_\delta = 2.8$$
$$*E \quad p_\alpha = 1.8 \qquad p_\delta = 4.2$$
$$*F \quad p_\alpha = 1.8 \qquad p_\delta = 4.2\,.$$

Für Z mit einer Helligkeit von $8^m.6$ entnimmt man der Tabelle als wahrscheinlichen Fehler $\pm$ 0″304 und $\pm$ 0″269, mittleren Fehlern von $\pm$ 0ˢ030 und $\pm$ 0″399 gleichbedeutend. Dies ergibt den mittleren Fehler einer Katalogangabe aus zwei Einzelmessungen zu $\pm$ 0ˢ021 und $\pm$ 0″282, entsprechend AUWERSschen Gewichten 3 und 2. Im System des GC folgt:

$$*Z \quad p_\alpha = 2.1 \qquad p_\delta = 2.8\,.$$

e) II Grw_{25}: Auf Seite XVIII der Einführung ist der wahrscheinliche Fehler einer Einzelbeobachtung in α für eine Deklination zwischen $+32°$ und $+64°$ zu $\pm$ 0″35, in δ zu $\pm$ 0″28 angegeben. Dies entspricht einem mittleren Fehler von $\pm$ 0ˢ034 und $\pm$ 0″42, so daß der mittlere Fehler der aus fünf Einzelmessungen hervorgegangenen Katalogposition zu $\pm$ 0ˢ015 und $\pm$ 0″19 folgt, AUWERSschen Gewichten 9.5 und 4 entsprechend. Dies wieder gibt im Gewichtssystem des GC:

$$*E \quad p_\alpha = 6.6 \qquad p_\delta = 5.6$$
$$*F \quad p_\alpha = 6.6 \qquad p_\delta = 5.6\,.$$

4. Es verbleibt jetzt noch die Gewichtsermittlung derjenigen Meridiankataloge, die in 1. bis 3. nicht erfaßt werden konnten. Sie muß verständlicherweise ein gewisses Maß von Willkürlichkeit in sich tragen und kann von subjektiv bedingten Unsicherheitsmomenten nicht frei sein.

a) Br_{45}: Da an keiner Stelle ein Anhalt für eine Gewichtsfestsetzung zu finden ist, wurde von der Tatsache Gebrauch gemacht, daß die AUWERSsche Gewichtstafel in AN 151.253 wenigstens für die alten Sektorbeobachtungen und die δ-Angaben des neuen Katalogs von 1755 eine ungefähre Gewichtsrelation von 1:3 zu errechnen erlaubt. Im Hinblick darauf, daß Rektaszensionen im allgemeinen eine größere Genauigkeit innezuwohnen pflegt als Deklinationen, dürfte in α die Annahme eines Gewichtes von Br_{45} in Höhe der Hälfte des GC-Gewichts von Br nicht zu weit in die Irre gehen:

$$*F \quad p_\alpha = 0.02\,.$$

b) LG_2 und LG_3: BATTERMANN gibt in Bm_3, Seite 25, für den nur Rektaszensionen enthaltenden Katalog LG bei 6 Beobachtungen das Gewicht 9, für den nur Deklinationen enthaltenden LG_2 bei 10 und mehr Beobachtungen das Gewicht 6. Nun sind aber die

BATTERMANNschen Gewichtsfestsetzungen zweifellos zu hoch, wie unter 2a) schon das Beispiel Bo VI lehrt und wie weiter durch die überhöhten Gewichtsangaben für Bo 16 Mö in Bm_3, Seite 28, belegt werden kann. Daher kann es auch nicht wundernehmen, daß G. ABETTI in Ricerca sui moti propri in ascensione retta di 140 stelle, Roma 1910, auf Seite 9 für LG nur genau ein Zehntel der BATTERMANNschen Gewichtsangaben unterstellt. Im Einklang hiermit kommt ZWIERS in Annalen van de Sterrewacht te Leiden X, 3, Seite C18 für LG_2 unter Zugrundelegung von 10.8 Einzelbeobachtungen pro Katalogort zu einem mittleren Fehler der Deklinationsangabe von $\pm 0\overset{''}{.}48$, entsprechend dem AUWERSschen Gewicht 0.6 oder einem Gewicht 0.8 im Gewichtssystem des GC.

In Anbetracht dieser Verhältnisse erschien es angebracht, einen Mittelweg einzuschlagen und mangels jeder Fehlerangabe oder wenigstens Abschätzmöglichkeit von solchen für die Beobachtungen der Sterne E und F ein Sechstel der BATTERMANNschen Gewichtsbenennungen als zutreffend zu wählen:

$$*E \quad p_\alpha = 1.5 \qquad p_\delta = 1.0$$
$$*F \quad p_\alpha = 1.5 \qquad p_\delta = 1.0\,.$$

c) AGK2: Anlage und Durchführung der Wiederholung der Zonenkataloge der Astronomischen Gesellschaft sind denjenigen der unter 3b) behandelten SCHLESINGERschen Kataloge nicht unähnlich. Auch die Gewichtsfestsetzung von AGK2 darf sich daher sicher mangels eines bis zur vorliegenden Bearbeitung bekanntgewordenen Fehleranhalts an den für die SCHLESINGERschen Kataloge ermittelten mittleren Fehler $\pm 0\overset{''}{.}22$ anlehnen; übrigens schätzt in Übereinstimmung mit dieser Annahme Ju auf Seite 14 den mittleren Fehler einer AGK2-Koordinate zu $\pm 0\overset{''}{.}2$ bis $\pm 0\overset{''}{.}3$. Wegen der Schärfe des Anschlusses der Anhaltsterne von AGK2 an den FK3 seitens jeder beteiligten Sternwarte sowie wegen der aus den Einzelergebnissen dieser Sternwarten gewonnenen späteren Gesamtbearbeitung der Anhaltsterne als Grundlage des AGK2 wird dessen Gewicht etwas höher als das in 3b) für die SCHLESINGERschen Kataloge ermittelte angenommen werden können:

$$*A \text{ bis } *Z \qquad p_\alpha = 6 \qquad p_\delta = 6\,.$$

5. Als letztes verbleibt jetzt noch die Gewichtsfestsetzung der visuellen und photographischen Vermessungen. Sie stellt wegen der damit verbundenen großen Rechenarbeit den umfangreichsten Teil der Gewichtsermittlung dar, doch muß die Gewichtsfestsetzung dieser Kategorie von Sternverzeichnissen nach Lage der Dinge umstritten bleiben, da sie sehr stark persönlichen Auffassungen des Bearbeiters unterworfen und ein gesicherter Maßstab nicht leicht zu gewinnen ist. Im allgemeinen kann man wohl sagen, daß die innere Genauigkeit von Vermessungen, zum mindesten sicher in früheren Epochen, höher zu veranschlagen ist als die Genauigkeit der Positionen der benutzten Anhaltsterne. Z. B. findet HELLFRICH auf Seite 32 seiner Arbeit, daß die Fehlerhaftigkeit der Örter der von ihm benutzten Anhaltsterne aus AG Hels die Ungenauigkeit der Vermessung um das Drei- bis Vierfache übersteigt. Bei Heranziehung moderner Meridiankataloge wird sich das Verhältnis zweifelsfrei günstiger gestalten, wie auch SCHLESINGER in $Hels_1$ Schl auf Seite (17) zahlenmäßig belegt. Trotzdem ist auch heute noch die Sicherheit einer Vermessung höher zu veranschlagen als die Genauigkeit der Örter der Anhaltsterne.

a) Krue: Die Tatsache, daß in dieser Veröffentlichung sowohl die Einzelergebnisse der heliometrischen Anschlüsse jedes der 41 Sterne des Verzeichnisses wie auch die Einzelresultate der Argelanderschen Meridiankreisbeobachtungen der beiden Anhaltsterne in aller Ausführlichkeit wiedergegeben sind, ermöglicht einmal die Berechnung des mittleren Fehlers eines Anschlußresultates, das heißt des mittleren Fehlers des arithmetischen Mittels aus den je zwei für jeden Stern getätigten Heliometeranschlüssen. Zum anderen kann aus den je zwölf aufgeführten Einzelmeridianbeobachtungen der beiden Anhaltsterne der mittlere Fehler ihres Mittels, identisch mit dem mittleren Fehler eines Argelanderschen Meridiankreisortes jedes der beiden Sterne errechnet werden. Aus beiden, Nullpunktskoordinate und Anschlußdifferenz bzw. deren beider mittleren Fehlern findet man unter Heranziehung des Fehlerübertragungsgesetzes den mittleren Fehler der beiden Koordinaten einer Positionsangabe in Krue zu $\pm 0^s\!.045$ und $\pm 0''\!.53$, den Auwersschen Gewichten 2.0 und 0.5 bei einer Deklination von $+56°$ entsprechend. Umgerechnet auf das Gewichtssystem des GC gibt dies:

$$\text{*A bis *Z} \qquad p_\alpha = 1.4 \qquad p_\delta = 0.7\,.$$

Eine, wie sich zeigen wird, jedoch nur recht unbefriedigende Kontrolle dieser Gewichtsberechnung bietet sich mit Hilfe des Vergleichs, den Krueger in Hels pg. (8) und (9) zwischen den Positionen von 26 diesem Katalog und seinen Heliometeranschlüssen gemeinsamen Sternen gegeben hat. Errechnet man aus diesen Angaben den mittleren Fehler der Differenz Hels-Krue und verbindet diesen mit dem in Hels pg. (7) angeführten wahrscheinlichen bzw. mittleren Fehler einer Einzelbeobachtung dieses Katalogs, so findet man auf diesem Wege für den mittleren Fehler von Krue selbst $\pm 0^s\!.107$ bzw. $\pm 0''\!.49$. In Deklination fällt also die Kontrolle recht günstig aus, in Rektaszension aber würde sich hier nur etwa ein Sechstel des vorhin gefundenen Gewichts ergeben. Die Ursache für diese Unstimmigkeit ist darin zu suchen, daß nach Kruegers Worten wegen der dichten Aufeinanderfolge der 26 gemeinsamen Sterne für die Meridiankreispositionen von Hels meist nur eine einzige Beobachtung zur Verfügung stand, so daß die Genauigkeit der Heliometermessung wesentlich größer sein muß. Unter diesen Umständen ist der vorhin gewonnenen Gewichtsfestsetzung der Vorzug gegeben worden.

b) Br–St: Zur Bewertung dieses Sternverzeichnisses kann man sich des Vergleichs bedienen, den die Verfasser auf den Seiten 117—119 zwischen $(\text{Br–St})_{\text{II}}$, den Ausmessungsergebnissen von Platte II — aus den unter 4f) geschilderten Gründen wurde Platte I völlig verworfen — und den Positionen der gleichen Sterne in Hels gegeben haben. In diesem Katalogvergleich sind Sterne, die zur Ableitung der Plattenkonstanten gedient hatten, nicht einbegriffen. Die Verfasser geben für die wahrscheinlichen Fehler der einzelnen Katalogdifferenz $(\text{Br–St})_{\text{II}}$-Hels die Zahlen $\pm 0^s\!.11$ und $\pm 0''\!.75$, mittleren Fehlern der gleichen Differenz im Betrage $\pm 0^s\!.163$ und $\pm 1''\!.11$ entsprechend. Berücksichtigt man den wahrscheinlichen Fehler einer Einzelbeobachtung von Hels, dort auf S. (7) für eine mittlere Deklination von $+60°$ zu $\pm 0^s\!.113$ und $\pm 0''\!.63$ gegeben, bzw. einen hieraus folgenden mittleren Fehler einer Einzelbeobachtung von $\pm 0^s\!.167$ und $\pm 0''\!.94$, so folgt unter Zugrundelegung durchschnittlich zweier Einzelbeobachtungen für den mittleren Fehler einer Katalogposition in Hels $\pm 0^s\!.118$ und $\pm 0''\!.66$. In Verbindung mit dem soeben angeführten mittleren Fehler der einzelnen Katalogdifferenz $(\text{Br–St})_{\text{II}}$-Hels ergibt dies für die mittleren Fehler von $(\text{Br–St})_{\text{II}}$ selbst Werte von $\pm 0^s\!.112$ und $\pm 0''\!.89$. Für eine Deklination von $+56°$ entspricht dies Auwersschen Gewichten 0.3 bzw. 0.2, und auf das Gewichtssystem des GC umgerechnet bekommt man so 0.2 bzw. 0.3.

Es bietet sich noch ein zweiter Weg zur Gewichtsermittlung dieses Sternverzeichnisses. Da bei $(\text{Br–St})_{\text{II}}$ die Anzahl der Beobachtungen $n = 1$ ist, ist man in der Lage, sein Gewicht aus den Gewichtsangaben des GC für Hels mit dem Argument der gleichen Beobachtungsanzahl zu errechnen, wenn man berücksichtigt, daß die Gewichte sich umgekehrt wie die Quadrate der mittleren Fehler verhalten. Diese letzteren aber waren für die beiden genannten Sternverzeichnisse vorhin in beiden Koordinaten angegeben worden. Entnimmt man nun dem GC für Hels bei nur einer Beobachtung die Gewichte 0.15 und 0.2, so erhält man auf diesem Weg für $(\text{Br–St})_{\text{II}}$ die Gewichte 0.2 und 0.1. In Rektaszension stimmt dieser Wert vollkommen mit dem vorhin erhaltenen überein, in Deklination halten sich die beiden Gewichtszahlen wenigstens in der gleichen Größenordnung. So mag fürs erste das Mittel beider Ergebnisse der Wahrheit am nächsten kommen: *A bis *Z $p_\alpha = 0.2$ $p_\delta = 0.2$. Daß aber endgültig auch nicht diese Werte, sondern die um weniges größeren folgenden gewählt und beibehalten wurden, wird weiter unten unter f) begründet werden:

$$\text{*A bis *Z} \qquad p_\alpha = 0.3 \qquad p_\delta = 0.3\,.$$

c) Oert_{ref}: Wie oben unter a) bei Krue bietet sich auch hier die Möglichkeit, den mittleren Fehler einer Katalogangabe aus den in der Einführung mitgeteilten mittleren Fehlern der Mikrometeranschlüsse einerseits und denjenigen des Meridianortes des als Nullpunkt benutzten Sterns F andererseits zu errechnen. Des letzteren mittlerer Fehler hat nach den Seiten B 74 und B 75 die Werte $\pm 0\overset{s}{.}017$ bzw. $\pm 0\overset{''}{.}16$. Auf den Seiten B 69 und B 72 findet man für den mittleren Fehler eines Mikrometeranschlusses $\pm 0\overset{s}{.}128$ bzw. $\pm 0\overset{''}{.}207$, erstgenannter Wert im Parallel des Sternhaufens gültig. Damit ergibt sich der mittlere Fehler eines Sternorts in Oert_{ref} als der Summe aus Hauptsternposition und Anschlußdifferenz nach dem Fehlerübertragungsgesetz zu $\pm 0\overset{s}{.}129$ und $\pm 0\overset{''}{.}26$. Dies entspricht Auwersschen Gewichten 0.25 und 2 oder im Gewichtssystem des GC:

$$\text{*A bis *Z} \qquad p_\alpha = 0.2 \qquad p_\delta = 2.8\,.$$

Fraglich bleibt hier, wie natürlich auch bei a) und b), ob die allein zur Gewichtsentnahme von Meridiankreiskatalogen bestimmte Auwerssche Gewichtstabelle zur Gewichtsermittlung von Anschlußpositionen herangezogen werden kann. Sicher aber gibt sie in Ermangelung von etwas anderem einen Anhalt.

d) Schur: Hier bietet sich ein Weg zur Gewichtsermittlung über die Vergleiche, die Schur auf den Seiten 82 und 83 zwischen den Positionen seines Katalogs und den Örtern in fünf anderen Sternverzeichnissen gegeben hat. Das Verfahren basiert wieder auf der Kombination der freilich erst noch zu berechnenden mittleren Fehler der Katalogdifferenzen mit den bekannten oder errechenbaren mittleren Fehlern der Kataloge selbst. Bedauerlicherweise erwies sich der Weg der Vergleiche mit Krue, Br-St und Oert_{ref} als nicht gangbar, er führte zu irrealen Werten und offenbarte damit die Problematik der ganzen, aber sich als einzige anbietenden Verfahrensweise. Hingegen lieferte der Vergleich mit den auf Seite 77 und 78 in extenso gegebenen und ad hoc angestellten Meridiankreisbeobachtungen Battermanns sowie mit den Positionen der gleichen Sterne aus Hels für Schur die mittleren Fehler $\pm 0\overset{s}{.}020$ und $\pm 0\overset{''}{.}19$ bzw. $\pm 0\overset{s}{.}077$ und $\pm 0\overset{''}{.}37$. Eine einfache Mittelung beider Zahlenpaare erscheint nicht ratsam, da Hels wegen seines auf Seite (7) angeführten mittleren Fehlers einer Einzelbeobachtung im Betrage von $\pm 0\overset{s}{.}167$ und $\pm 0\overset{''}{.}94$ ein geringeres Gewicht zukommt als den eigens für die Schursche Vermessung angestellten Meridiankreisbeobachtungen Battermanns, deren mittlerer Fehler einer Einzelbeobachtung sich zu $\pm 0\overset{s}{.}032$ und $\pm 0\overset{''}{.}25$ errechnen läßt. Würde man nun nach diesen Genauigkeitsangaben eine gewichtete Mittelbildung unserer beiden Zahlenpaare für den mittleren Fehler von Schur vornehmen, so würde der über den Vergleich mit Battermann erhaltene Wert den auf dem Wege über Hels errechneten vollkommen erdrücken. Die Wirklichkeit ist als zwischen den beiden Extremen der arithmetischen und der gewichteten Mittelung liegend angenommen und für Schur ein mittlerer Fehler im Betrage von $\pm 0\overset{s}{.}030$ und $\pm 0\overset{''}{.}22$ zugrundegelegt worden, ersterer für die Deklination $+56°$ gültig. Dies entspricht ungefähr den Auwersschen Gewichten 5 und 3 und führt abermals abgerundet im Gewichtssystem des GC zur folgenden Gewichtsfestsetzung für Schur:

$$\begin{array}{lll} \text{*A} & p_\alpha = 3.5 & p_\delta = 4 \\ \text{*D} & p_\alpha = 3.5 & p_\delta = 4 \\ \text{*E} & p_\alpha = 3.5 & p_\delta = 4 \\ \text{*Z} & p_\alpha = 3.5 & p_\delta = 4. \end{array}$$

e) Young: Auch hier mußte mangels einer anderen Möglichkeit der unbefriedigende Versuch gewagt werden, die Katalogvergleiche heranzuziehen, die die Verfasserin auf Seite 46 mit Schur, auf den Seiten 65 und 66 mit AG Hels und Oert_{ref}, auf Seite 67 mit Krue und endlich auf den Seiten 70—72 mit Br-St gegeben hat. Unter ihnen konnte der Vergleich mit Schur deswegen nicht ausgeschöpft werden, weil die Positionen dieses Verzeichnisses von Young als Anhaltsternörter benutzt worden waren. Ähnlich wie unter d) führten mit der einzigen Ausnahme von Hels alle Katalogvergleiche zu untragbaren Werten der Youngschen mittleren Fehler, darauf zurückzuführen, daß die mittleren Fehler der angeführten Verzeichnisse selbst nur auf Katalogvergleichen beruhen und die mehrfache Handhabung dieser Verfahrensweise nicht mehr kontrollierbare Fehlerquellen erzeugt. Einzig und allein der Vergleich mit Hels auf den Seiten 65 und 66 führte zum Ziel. Er ergab für Young mittlere Fehler im Betrag von $\pm 0^s\!.066$ im Parallel $+56°$ und $\pm 0''\!.45$, Auwersschen Gewichten 0.9 und 0.7 entsprechend. Im Gewichtssystem des GC führt dies zu folgenden Gewichtswerten für Young:

*A	$p_\alpha = 0.6$	$p_\delta = 1.0$
*B	0.4	0.7
*C	0.6	1.0
*D	0.6	1.0
*E	0.6	1.0
*F	0.6	1.0
*G	0.6	1.0
*H	0.6	1.0
*Z	0.6	1.0.

Dem Umstande, daß im Gegensatz zu den für die Gewinnung der Positionen aller Sterne mit Ausnahme von *B benutzten zwölf Platten der letztgenannte Stern nur auf sieben Platten vermessen wurde, ist durch eine willkürlich gewählte Gewichtsverminderung um ein Drittel der übrigen Werte Rechnung getragen worden.

f) Mess: Erfreulicherweise bedarf es hier keiner Umwege zur Gewichtsberechnung; Messow hat den mittleren Fehler einer Einzelbeobachtung auf dem üblichen Wege des Vergleichs der erhaltenen Einzelpositionen ermittelt. Aus den Positionsdifferenzen von 438 auf beiden Platten vermessenen Sternen findet er auf Seite 49 den mittleren Fehler einer Einzelbeobachtung zu $\varepsilon_\alpha \cos\delta = \pm\, 0''\!.277$ und $\varepsilon_\delta = \pm\, 0''\!.294$. Hieraus berechnet sich der mittlere Fehler der aus zwei Werten gemittelten Katalogangabe zu $\pm 0''\!.196 = \pm\, 0^s\!.013$ und $\pm 0''\!.208$, den Auwersschen Gewichten 7.5 und 3 entsprechend. Damit ergibt sich für Mess im Gewichtssystem des GC:

$$\text{*A bis *Z} \qquad p_\alpha = 5 \qquad p_\delta = 4\,.$$

Die Tatsache, daß im Gegensatz zu den unter a) bis e) betrachteten Sternverzeichnissen hier die Gewichtsberechnung streng aus dem Vergleich der Einzelpositionen erfolgt ist, ließ den Versuch gerechtfertigt erscheinen, durch Vergleich der Örter von Mess mit denen der fünf vorigen Verzeichnisse eine Kontrolle der für sie meist nur auf Umwegen errechneten Gewichte zu bekommen. Leider entsprach die Durchführung des Versuchs nicht den Erwartungen. Mit Ausnahme von Br-St fanden sich höchstens die Größenordnung der bisherigen Gewichte von Krue, Oert_{ref}, Schur und Young recht unbefriedigend bestätigende Ergebnisse, so daß es ratsam erschien, bei den oben erhaltenen Zahlenwerten stehen zu bleiben. Günstiger liegen die Verhältnisse bei Br-St. Durch Vergleich mit Hels war unter b) für dieses Sternverzeichnis der mittlere Fehler zu $\pm\, 0^s\!.112$ und $\pm\, 0''\!.89$ gefunden worden. Der Vergleich mit Mess liefert $\pm\, 0^s\!.045$ und $\pm\, 0''\!.52$, bestätigt also in Deklination befriedigend die Größenordnung, ließe hingegen in Rektaszension statt des bisherigen AUWERSschen Gewichts 0.3 ein solches von 2.0 resultieren, 1.4 im Gewichtssystem des GC entsprechend. Auch der Gewichtswert in Deklination würde durch den jetzigen Vergleich eine geringfügige Erhöhung erfahren. Beides gab Anlaß, die unter b) gefundenen Gewichtswerte auf die dort schon angeführten 0.3 in beiden Koordinaten zu erhöhen.

g) Vat: Die einzige Stelle, die hier in dem Katalog Rückschlüsse auf seine Genauigkeit gibt, ist ein kurzer Hinweis auf Seite XIV der Einführung zu Bd. IX (Zone $+56°$) des Inhalts, ein Vergleich zweier von dem gleichen Beobachter vermessener Platten der Zone $+64°$ habe in x einen mittleren Fehler $\pm 0''39$ und in y einen solchen von $\pm 0''32$ ergeben. Leider spricht die Überschrift der wenigen die Genauigkeit des Katalogs behandelnden Sätze von dem wahrscheinlichen Fehler, der Text aber von dem mittleren. Bringt schon diese Unstimmigkeit zwischen Überschrift und Text ein Moment der Unsicherheit in die mitgeteilten Zahlenwerte hinein, so ist es darüber hinaus vor allem sehr fraglich, inwieweit diese Werte, gleichgültig ob mittlerer oder wahrscheinlicher Fehler, verallgemeinert und als auch für andere mit der Plattenvermessung betraute Personen gültig angesehen werden dürfen. Es erschien daher rätlich, unter Beiseitelassung der eben genannten Zahlenwerte zu versuchen, die mittleren Fehler einer Einzelbeobachtung aus dem Material selbst heraus neu zu bestimmen, das die drei Vatikan-Platten für die zehn Sterne des Perseusbogens liefern. Sicher wäre es besser gewesen, hierfür eine größere Sternzahl heranzuziehen, doch rechtfertigt die Unsicherheit, die letzten Endes jeder Gewichtsbestimmung anhaftet, kaum den hierfür erforderlichen erhöhten Arbeitsaufwand.

Bei der Bearbeitung zeigte sich, daß die Örter der Platte 132 gegenüber den Positionen der Platten 251 und 252 in beiden Koordinaten eine deutliche systematische Abweichung aufweisen. Nachdem die Sternörter der erstgenannten Platte um diese systematische Differenz verbessert worden waren, wurden die Reste der drei Plattenangaben gegenüber ihrem Mittelwert gebildet und aus ihnen in bekannter Weise der mittlere Fehler einer Einzelbeobachtung errechnet. Es ergab sich $\pm 0^s055$ und $\pm 0''48$. Sieht man gemäß der Überschrift auf obengenannter Seite XIV die dort mitgeteilten Zahlenangaben als wahrscheinliche Fehler an und rechnet sie in mittlere Fehler um, so findet man $\pm 0^s039$ und $\pm 0''47$, also eine so gute Übereinstimmung, daß man berechtigt ist, die Diskrepanz zwischen Text und Überschrift der Seite XIV zu Gunsten der Überschrift zu entscheiden.

Den aus dem Material gewonnenen mittleren Fehlern $\pm 0^s055$ und $\pm 0''48$, ersterer für den Parallel $+57°$ des Perseusbogens gültig, entsprechen die AUWERSschen Gewichte 1.3 und 0.6, die im System des GC die Gewichte 0.9 und 0.8 ergeben. Vielleicht ist es aber im Hinblick auf den geringfügig kleineren mittleren Fehler der Seite XIV in Rektaszension angängig, das Gewicht in dieser Koordinate etwas zu erhöhen und den Örtern von Vat die folgenden Gewichte zuzusprechen:

$$\text{*A bis *Z} \qquad p_\alpha = 1.0 \qquad p_\delta = 0.8\,.$$

h) Hff: Die diesem Sternverzeichnis entnommenen Örter von acht Sternen des Perseusbogens beruhen auf zwei Aufnahmen, die im Hauptkatalog der Arbeit mit B_1 und B_2 bezeichnet sind. Der wahrscheinliche Fehler der Meßergebnisse jeder Platte in x und in y ist auf Seite 31 rechts unten in Bogensekunden aufgeführt. Rechnet man die dort zu findenden Angaben in mittlere Fehler um und drückt im Parallel der Sterne in Rektaszension die Werte in Zeitsekunden aus, so kommt $\varepsilon_\alpha(B_1) = \pm\, 0^s073$ und $\varepsilon_\delta(B_1) = \pm\, 0''92$ sowie $\varepsilon_\alpha(B_2) = \pm\, 0^s071$ und $\varepsilon_\delta(B_2) = \pm\, 0''86$. Da die dem Hauptkatalog entnehmbaren Örter der acht Sterne Mittelwerte von je zwei Plattenpositionen darstellen, folgt für den mittleren Fehler eines Katalogortes $\pm 0^s051$ bzw. $\pm 0''63$, erstgenannter Wert für die Deklination $+56°$ gültig. Dies entspricht AUWERSschen Gewichten 1.5 und 0.4 und liefert im Gewichtssystem des GC für die acht dem HELFFERICHschen Verzeichnis entnehmbaren Sterne des Perseusbogens die Gewichte:

$$\begin{array}{lll} *\mathrm{A} & p_\alpha = 1.0 & p_\delta = 0.6 \\ *\mathrm{C}\ \text{bis}\ *\mathrm{H} & p_\alpha = 1.0 & p_\delta = 0.6 \\ *\mathrm{Z} & p_\alpha = 1.0 & p_\delta = 0.6\,. \end{array}$$

i) Ju: Hier ist nicht nur, bedingt durch die Güte der Aufnahmen und der Meßapparatur, die innere Genauigkeit der Vermessung enorm hoch — der Verfasser spricht auf Seite 20 von dem mittleren Fehler einer Messung in Höhe von nur $\pm 0''.06$ —, auch die Genauigkeit der Katalogörter ist höher als bei den bisherigen Ausmessungen, da für die Örter der Anhaltsterne bereits der AGK 2 zur Verfügung stand. Aus den Ausgleichungsresten der Anhaltsternpositionen gegenüber ihren Meridianörtern ermittelt JUNG auf Seite 18 als Maß der äußeren Genauigkeit einen mittleren Fehler in x im Betrage von $\pm 0''.26$, im Parallel der Sterne in Rektaszension $\pm 0^s.017$ entsprechend, sowie in y bzw. in Deklination einen solchen von $\pm 0''.28$. Hieraus würden sich AUWERSsche Gewichte 13 und 2 und im Gewichtssystem des GC solche in Höhe von 9 und 3 ergeben. Zwar sind im allgemeinen die Deklinationen der Anhaltsterne immer etwas geringwertiger als die Rektaszensionen, doch ist ein derartiger Gewichtsunterschied zwischen beiden Koordinaten offenbar nicht gerechtfertigt. Es wurde daher eine gewisse Gewichtsangleichung vorgenommen derart, daß dem vorliegenden Sternverzeichnis die folgenden Gewichte zugeteilt werden:

$$*\mathrm{A}\ \text{bis}\ *\mathrm{Z} \qquad p_\alpha = 8 \qquad p_\delta = 6\,.$$

Nach diesen recht umfangreichen Darlegungen über Gewichtsermittlung, deren alleiniges Ziel es gewesen war, den weiterhin benutzten Gewichten jeden Charakter einer Schätzung oder gar einer Willkürlichkeit zu nehmen, konnte in Fortführung der Bearbeitung des in der letzten Tabelle niedergelegten Materials die Ausgleichung aller zur Verfügung stehenden Positionen jedes der zehn Sterne in Angriff genommen werden. Sie erfolgte nach dem Ansatz:

$$s_0 + (t_i - 1950.0)\,\mu_s = s_i\,,$$

wo jeder Bedingungsgleichung das Gewicht p_i zukommt und s die beiden Koordinaten bezeichnet. Man erhält auf diesem Wege streng für Äquinox und Epoche 1950.0 gültige Koordinaten und Eigenbewegungen, die es gestatten, Rektaszension und Deklination für jede gewünschte Epoche und jedes beliebige Äquinox zu errechnen.

Ohne Einzelheiten der Ausgleichung zu geben, mögen deren Endergebnisse der Vollständigkeit halber aus AN 277.74 hier wiederholt werden.

	$\alpha_{1950.0}$	μ_α	n	$\delta_{1950.0}$	μ_δ	n
A	$2^h16^m23^s.6117$ ±0ˢ.0285	−0ˢ.00009 ±0ˢ.00065	21	+57° 5′19″.824 ±0″.179	−0″.0077 ±0″.0036	23
B	2 16 6.6745 ±0.0504	−0.00200 ±0.00130	10	+57 2 26.875 ±0.197	−0.0025 ±0.0048	10
C	2 15 16.4171 ±0.0239	−0.00091 ±0.00062	13	+57 0 37.075 ±0.215	+0.0057 ±0.0052	13
D	2 14 56.3885 ±0.0223	−0.00090 ±0.00052	19	+56 58 41.448 ±0.199	+0.0050 ±0.0045	17
E	2 15 41.9766 ±0.0155	−0.00070 ±0.00032	35	+56 56 21.902 ±0.239	−0.0036 ±0.0047	34
F	2 15 32.6308 ±0.0139	−0.00058 ±0.00027	37	+56 54 20.302 ±0.169	−0.0013 ±0.0033	37
G	2 15 8.7100 ±0.0247	−0.00100 ±0.00063	13	+56 52 14.842 ±0.110	+0.0050 ±0.0027	13
H	2 15 16.3592 ±0.0246	−0.00113 ±0.00063	14	+56 50 14.310 ±0.194	+0.0049 ±0.0047	13
I	2 14 51.5400 ±0.0279	−0.00183 ±0.00074	11	+56 48 32.468 ±0.191	−0.0008 ±0.0049	11
Z	2 14 51.7838 ±0.0229	−0.00041 ±0.00052	19	+56 46 47.350 ±0.199	−0.0037 ±0.0039	23

Damit liegt jetzt endlich das Rüstzeug zur Auswertung der Schraubenwertsbestimmungen vor, die an fünf Abenden der Jahre 1937 und 1938 anteilig von beiden Beobachtern durchgeführt worden waren. Man geht dabei meist so vor, daß man die Zwischensterne des Bogens nur als Überbrückungspunkte benutzt, den Schraubenwert selbst aber allein als Quotienten der Deklinationsdifferenz der beiden Endsterne A und Z und der ihr entsprechenden Zahl der gemessenen Schraubenumdrehungen errechnet. Zwar vermindert hierbei die größere Bogenlänge die Gefahr der Verfälschung des gesuchten Schraubenwertes durch Fehler in den beiden Sterndeklinationen, man übersieht aber andererseits über diesem Vorteil allzu leicht den Nachteil der möglichen Aufsummierung von Fehlern bei der Pointierung der Zwischensterne. Es erschien daher der Mühe eines Versuchs wert, der Bestimmung des Revolutionswertes aus dem Gesamtbogen gleichwertig die Ausgleichung der Messungen der neun Zwischenintervalle an die Seite zu stellen, wie sich zeigen wird, mit dem Endeffekt der Ermittlung nur aus diesen.

Sind Schraubenwertsbestimmungen an mehreren Abenden und unter Heranziehung mehrerer Sternpaare vorgenommen worden, dann empfiehlt es sich nicht, die benötigte Deklinationsdifferenz aus den scheinbaren Sternörtern zu berechnen, man tut in diesem Falle vielmehr gut daran, die differentielle Reduktion vom scheinbaren auf den mittleren Ort, ausgedrückt in Trommelteilen der Schraube — eine genäherte Kenntnis des Revolutionswertes ist dabei stillschweigende Voraussetzung — als Korrektion an die aus den abendlichen Messungen erhaltenen Unterschiede der Trommelablesungen anzubringen. Man erhält so in Trommelteilen ausgedrückte Differenzen für den Jahresanfang, deren Division in den Deklinationsunterschied des Sternpaares, gültig für das gleiche Äquinox, den gesuchten Schraubenwert ergibt. Daß es ratsam ist, gleichermaßen auch die differentielle Refraktion in Trommelteilen auszudrücken und mit der differentiellen Reduktion auf den Jahresanfang zu verbinden, sei nur der Vollständigkeit halber erwähnt. Demgemäß sieht der einzuschlagende Weg formelmäßig folgendermaßen aus.

Bekannt sind die mittleren Koordinaten $\alpha\ \delta$ bzw. $\alpha'\ \delta'$ der beiden Sterne für den Jahresanfang, bekannt ist ferner aus IIIB) die Einstellung P des Positionskreises auf den wahren Parallel, deren Abweichung von der bei der Messung benutzten P' im Sinne $P - P'$ in Bogenminuten mit ΔP bezeichnet werden möge. Gemessen ist senkrecht dazu die Ordinatendifferenz y' des Sternpaares, aus der nach Drehung um ΔP der Deklinationsunterschied y folgt:

$$y = y' + x\,\Delta P \sin 1' \,.$$

Die hier benötigte Abszissendifferenz x ist aus dem Rektaszensionsunterschied $\alpha' - \alpha$ herleitbar nach:

$$x = (\alpha' - \alpha) \cos \delta_0 \left(1 - \frac{y}{2} \operatorname{tg} \delta_0 \sin 1''\right) ,$$

wo δ_0 die Deklinationsmitte der beiden Sterne bedeutet und $\alpha' - \alpha$ in Bogensekunden auszudrücken ist. Das zweite Glied stellt die Korrektion für den Unterschied von Rektaszensions- und Abszissendifferenz bei unterschiedlicher Deklination der beiden Sterne dar, eine Folge des Auseinanderstrebens der Stundenkreise zum Äquator hin im äquatorialen System im Gegensatz zur Parallelität der Ordinatenlinien im rechtwinkligen.

Der nächste Schritt gilt der Ausschaltung der differentiellen Refraktion. Sie erfolgt nach der Formel:

$$\text{Refr}\,(\delta) + \Delta\ \text{Refr}\,(\delta) = \frac{\varkappa}{\sin^2 (N + \delta_0)} (\delta' - \delta) + 15\,\varkappa \frac{\operatorname{ctg} n \cos N}{\sin^2 (N + \delta_0)} (\alpha' - \alpha)\,.$$

Das erste Glied umfaßt in bekannter Form den Einfluß der Strahlenbrechung für Messungen von Deklinationsdifferenzen bei ruhendem Fernrohr. Werden diese aber wie in vorliegendem Falle bei laufendem Uhrwerk symmetrisch zu einem mittleren Stundenfaden vorgenommen, so tritt noch das an zweiter Stelle stehende Zusatzglied hinzu. Wie bereits ausgeführt, empfiehlt es sich, die Verbesserung wegen Refraktion unter Benutzung eines genähert bekannten Schraubenwertes in Trommelteilen auszudrücken.

Das Gleiche gilt für die differentielle Reduktion der Sterndeklinationen auf den Jahresanfang in der Form:

$$d\Delta\delta = F_a A + F_b B + F_c C + F_d D .$$

A, B, C und D sind hier die Besselschen Konstanten, F_a, F_b, F_c und F_d deren aus den Besselschen a', b', c', d' leicht herzuleitende Faktoren:

$$F_a = 15\, n \sin \alpha_0\, \Delta\alpha^{\mathrm{m}} \sin 1'$$

$$F_b = 15 \cos \alpha_0\, \Delta\alpha^{\mathrm{m}} \sin 1'$$

$$F_c = 15 \cos \alpha_0 \sin \delta_0\, \Delta\alpha^{\mathrm{m}} \sin 1' + (\sin \alpha_0 \cos \delta_0 + \operatorname{tg} \varepsilon \sin \delta_0)\, \Delta\delta' \sin 1'$$

$$F_d = 15 \sin \alpha_0 \sin \delta_0\, \Delta\alpha^{\mathrm{m}} \sin 1' - \cos \alpha_0 \cos \delta_0\, \Delta\delta' \sin 1' ,$$

wobei $\alpha_0\, \delta_0$ wieder Rektaszensions- bzw. Deklinationsmitte der beiden Sterne bedeuten. Da n, B, C und D die Dimension von Bogensekunden haben, wird auch $d\Delta\delta$ in Bogensekunden erhalten, wenn $\Delta\alpha$ in Zeit- und $\Delta\delta$ in Bogenminuten ausgedrückt sind.

Unter Durchrechnung nach diesen Formeln wurden an den fünf Abenden der Schraubenwertsbestimmungen für diese instrumentelle Konstante die folgenden Werte erhalten, wobei links die aus den Deklinationsdifferenzen der Einzelpaare AB, BC, . . . IZ errechneten Zahlenwerte einschließlich ihrer mittleren Fehler aufgeführt sind, rechts die aus dem Gesamtintervall AZ gefundenen:

	Beob.	Aus Einzelintervallen		Gew.	Aus Gesamtintervall
1937 Januar 17/18	D	13″25856	±0″00959	2.1	13″25642
Novemb. 28/29	D	5335	1218	1.3	5160
1938 Januar 6/7	D	5183	1398	1.0	5009
Februar 8/9	W	4582	1023	1.9	4366
Februar 17/18	W	5325	1103	1.6	5010

Das gewichtete Mittel der Bestimmung aus den Einzeldistanzen lautet mithin $1^R = 13''25271 \pm 0''00497$, während als Mittelwert aus dem Gesamtintervall $1^R = 13''25037 \pm 0''00204$ folgt.

Es muß auffallen, daß zwischen den aus den Einzelintervallen AB . . . IZ gewonnenen und den aus dem Gesamtintervall erhaltenen Zahlenwerten allabendlich ein systematischer Unterschied besteht. Dies mag darauf zurückzuführen sein, daß im Zuge der Berechnung aus dem Gesamtintervall zwar die an dem fraglichen Beobachtungsabend erhaltenen Einzelausmessungen der Sternintervalle aufsummiert und als Gesamtintervall gewertet wurden, daß hingegen die Verbesserungen wegen Parallelabweichung, für differentielle Refraktion und endlich die differentielle Reduktion auf den Jahresanfang nicht als Summe der jeweiligen Einzelverbesserungen der Teilintervalle gewonnen, sondern für das Mittel der Sternzeit der Gesamtheit aller Teilintervallmessungen berechnet wurden. Denn es ergab jedenfalls eine ad hoc angestellte Nachprüfung unter Aufsummierung der für die Teilintervalle gültigen Korrekturen auch aus dem Gesamtintervall nahe den gleichen und vor allem systematisch nicht abweichenden Schraubenwert wie bei Anwendung des Verfahrens auf die einzelnen Sternintervalle. Aus diesem Grunde wurden die Ergebnisse aus dem Gesamtintervall verworfen und wurde bei dem gewichteten Mittel aus den Einzeldistanzen stehengeblieben; es wurde mithin während der gesamten Beobachtungsreihe für deren Auswertung als Schraubenwert zugrundegelegt:

$$1^R = 13''2527 \pm 0''0050 .$$

IV. Reduktion der Messungen

Die Reduktion der Messungen, deren beobachtungstechnische Methodik im zweiten Abschnitt geschildert worden war, unterscheidet sich formal in keiner Weise von den Wegen, die rechenmäßig soeben bei der Ermittlung des Schraubenwertes beschritten worden waren. Das Endziel der Reihe, die Ableitung der Sonnenparallaxe, ließ es geraten erscheinen, auch bei der Reduktionsarbeit noch bei den rechtwinkligen Koordinatendifferenzen stehen zu bleiben; doch war, um den Vergleich mit der Ephemeride zu erlauben, am Ende auch die Möglichkeit ihrer Umwandlung in Rektaszensions- und Deklinationsdifferenzen zu geben. Demzufolge waren zuerst die rechtwinkligen Koordinatendifferenzen y' und x', wie sie in dem am Positionskreis abgelesenen Parallel P' des Instruments bzw. bei der Ablesung $90° + P'$ erhalten worden waren, in solche x und y, bezogen auf den wahren Parallel P, zu transformieren. Sodann war für sie die Refraktion zu berechnen und endlich waren die jetzt im wahren Parallel gültigen und um den Einfluß der Strahlenbrechung verbesserten rechtwinkligen Koordinatendifferenzen in solche von Rektaszension und Deklination umzuwandeln.

A. Berücksichtigung des Unterschiedes zwischen wahrem und Parallel der Messung

Sei P' die Ablesung am Positionskreis, in der die Ordinatendifferenzen y', und $90° + P'$ die Einstellung, in der die Abszissendifferenzen x' gemessen wurden. P' bzw. $90° + P'$ mögen gegenüber dem wahren Parallel P bzw. gegenüber $90° + P$ einen Unterschied

$$\Delta P = P - P'$$

aufweisen, der, in dieser Differenzenform ausgedrückt, positiv im Sinne der Positionswinkelzählung gerechnet werde. Dann folgen aus den auf P' bezogenen Differenzen $x'\,y'$ die für P gültigen $x\,y$ unter Berücksichtigung der Kleinheit von ΔP und unter Annahme eines wegen seiner geringen Größe ebenen Gesichtsfeldes nach den bekannten Formeln der Koordinatentransformation:

$$x = x' - y'\,\Delta P \sin 1'$$
$$y = y' + x'\,\Delta P \sin 1' \,.$$

Hierbei ist zur Vermeidung von Vorzeichenfehlern ΔP in Bogenminuten stets als Differenz des wahren aus Tabelle 1 entnehmbaren und des eingestellten Parallels zu bilden. Das nach diesen Formeln für die Berechnung von x bzw. y benötigte y' bzw. x' kann in aller Strenge für die jeweiligen Messungszeitmomente errechnet werden; denn eine Gesamtmessung bestand, wie im zweiten Abschnitt ausgeführt, jeweils aus zwei einander abwechselnden x'- bzw. y'-Sätzen, die deren lineare zeitliche Veränderung ergaben und so Inter- und Extrapolationen erlaubten.

B. Verbesserungen wegen differentieller Refraktion

Es empfiehlt sich bei Mikrometermessungen stets, die differentiellen Refraktionsbeträge unmittelbar für die gemessenen Beobachtungsgrößen zu berechnen, ohne zuvor deren Umwandlung in Koordinaten vorzunehmen, die entweder im Endergebnis gesucht werden oder für die vielleicht der Einfluß der Strahlenbrechung einfacher zu erhalten ist. Demzufolge waren im vorliegenden Falle die Verbesserungen wegen differentieller Refraktion für die rechtwinkligen Koordinatendifferenzen x und y und dies unter Zugrundelegung des wahren Parallels zu bilden. Die hier zu benutzenden Formeln folgen aus den wohlbekannten Beziehungen

$$x = s \sin p$$
$$y = s \cos p$$

in Verbindung mit den Refraktionskorrektionen des Positionswinkels p und der Distanz s in bezug auf den wahren Parallel

$$\Delta p = -\varkappa \operatorname{tg} z_0 [\sin q \operatorname{tg} \delta_0 + \operatorname{tg} z_0 \sin (p - q) \cos (p - q)]$$

$$\Delta s = \varkappa s [1 + \operatorname{tg}^2 z_0 \cos^2 (p - q)] .$$

Sie lauten, wenn q üblicherweise den parallaktischen Winkel bezeichnet:

$$\Delta x = \varkappa x (1 + \operatorname{tg}^2 z_0 \sin^2 q) - \varkappa y \operatorname{tg} z_0 \sin q (\operatorname{tg} \delta_0 - \operatorname{tg} z_0 \cos q)$$

$$\Delta y = \varkappa y (1 + \operatorname{tg}^2 z_0 \cos^2 q) + \varkappa x \operatorname{tg} z_0 \sin q (\operatorname{tg} \delta_0 + \operatorname{tg} z_0 \cos q) .$$

Bessels Refraktionsgröße $\varkappa$ wurde in Abhängigkeit von der mittleren Zenitdistanz z_0 zwischen Planet und Vergleichstern den Hilfstafeln der Hamburger Sternwarte entnommen.

C. Umwandlung der rechtwinkligen in äquatoriale Koordinatendifferenzen

Wie bei Beobachtungen mit dem Positionsfadenmikrometer tunlichst immer, so ist insbesondere bei der Messung rechtwinkliger Koordinatendifferenzen darauf zu achten, daß die Messungen symmetrisch zum mittleren Stundenkreis durch die optische Achse des Instruments erfolgen. Denn es werden, wenn Vergleichstern und Anschlußobjekt unsymmetrisch dazu stehen, die jeweiligen Beträge für Krümmung des Parallels ungleich, ein Unterschied, der in den erhaltenen y berücksichtigt werden muß, wohingegen mit Ausnahme höchster Deklinationen die letztgenannten ohne weiteres den gesuchten Deklinationsdifferenzen gleichgesetzt werden können. Anders aber ist dies in Rektaszension, und es sind daher zur Umwandlung der x in Rektaszensionsdifferenzen ein paar Bemerkungen am Platze.

Ist zu deren Messung der bewegliche Faden senkrecht zur Richtung der täglichen Bewegung orientiert und fällt der feste durch die optische Achse gehende Mittelfaden mit dem mittleren Stundenkreis der Objekte zusammen, so stellen zum Mittelfaden parallele Seitenfäden keine Großkreise am Himmel, vielmehr Parallelkreise zum Stundenkreis dar. Dies besagt, daß das gemessene x nicht mit der Rektaszensionsdifferenz identisch ist mit Ausnahme des einzigen Falles, daß beide Objekte die gleiche Deklination haben. x wird zu klein bei positiver Deklinationsdifferenz zwischen Planet und Stern, zu groß, wenn der Planet südlicher steht als der Vergleichstern. Der schon in vorangegangenen Ausführungen benutzte formelmäßige Zusammenhang lautet:

$$(\alpha' - \alpha) \cos \delta_0 = x \left(1 + \frac{y}{2} \operatorname{tg} \delta_0 \sin 1''\right) ,$$

wo δ_0 das Deklinationsmittel der beiden Objekte bedeutet.

Nun ist aber δ_0 zufolge der Bewegung des Planeten keine absolut konstante Größe, außerdem kann beobachtungstechnisch eine Messung symmetrisch zum Stundenkreis des festen Mittelfadens nur dann erfolgen, wenn das Mikrometer zwei unabhängig voneinander bewegliche Meßfäden besitzt, deren einer mit dem Vergleichstern, deren anderer mit dem Anschlußobjekt zur Deckung gebracht werden kann. Dies trifft jedoch nur in den wenigsten Fällen, so auch nicht bei dem zur vorliegenden Reihe benutzten Mikrometer zu. Die Messung einfacher x muß dann so erfolgen, daß der Stern mit dem festen Mittelfaden, dem Stundenkreis der optischen Achse, koinzidiert, wohingegen das Anschlußobjekt mit dem beweglichen Faden biseziert wird. Dann aber gilt:

$$x = (\alpha' - \alpha) \cos \delta' = (\alpha' - \alpha) \cos (\delta + y) ,$$

und hieraus folgt:

$$(\alpha' - \alpha) \cos \delta = x (1 + y \operatorname{tg} \delta \sin 1'') .$$

Diese für die Messung einfacher x geltende Beziehung unterscheidet sich von der vorigen durch das Auftreten der konstanten Sterndeklination δ gegenüber der schwach veränderlichen Deklinationsmitte δ_0, wofür allerdings der doppelte Betrag des Korrektionsgliedes in Kauf genommen werden muß. Werden nun aber an Stelle der einfachen x Doppeldifferenzen gemessen, bringt man also in der zweiten Hälfte des Messungssatzes den Planeten mit dem festen Mittelfaden in Koinzidenz und biseziert den Vergleichstern mit dem beweglichen Faden, so ergibt das dergestalt gemessene x jetzt unmittelbar die Rektaszensionsdifferenz im Parallel des Sterns:

$$x = (\alpha' - \alpha) \cos \delta .$$

Durch Addition der beiden letzten Gleichungen folgt:

$$(\alpha' - \alpha) \cos \delta = x \left(1 + \frac{y}{2} \operatorname{tg} \delta \sin 1''\right) .$$

Wie wohl zu beachten ist, gilt diese Beziehung, die wieder die unveränderliche Sterndeklination δ enthält, nur im Falle der Messung von Doppeldifferenzen. Bei Messung einfacher Rektaszensionsdifferenzen, in der vorliegenden Meßreihe nur in Notfällen vorgenommen, tritt, wie soeben gesehen, das Korrektionsglied im doppelten Betrage auf.

Für die Deklinationen hingegen gilt stets:

$$\delta' - \delta = y$$

unabhängig davon, ob Doppeldifferenzen oder notfalls nur einfache Deklinationsdifferenzen gemessen wurden. Denn hier kann, auch wenn das Mikrometer nicht über unabhängig voneinander bewegliche Meßfäden verfügt, die Messung immer so angelegt werden, daß durch symmetrische Stellung der Objekte zum mittleren Stundenkreis Korrektionsglieder vermieden werden. Ausnahmen ergeben sich erst bei Deklinationen über 80°, wenn die Parallelkreise der beiden Objekte zu unterschiedliche Krümmungen aufweisen.

V. Zusammenstellung der Messungen

Zur nachfolgenden Zusammenstellung der Messungen ist wenig zu sagen, die einzelnen Spalten erklären sich durch ihre Überschrift. Auf das Datum der Beobachtung, die Kennzeichnung der Beobachter durch D = J. Dick und W = E. Wahl sowie den Hinweis, ob Doppel- oder Einfachdifferenzen gemessen wurden, folgen die Epoche der Beobachtung in Weltzeit, die Koordinatendifferenzen

$$\xi = (\alpha_{\text{Pl}} - \alpha_*) \cos \delta_* \quad \text{und} \quad \eta = \delta_{\text{Pl}} - \delta_*$$

sowie deren parallaktische Ausdrücke $\lg (p_\xi \Delta)$ bzw. $\lg (p_\eta \Delta)$, diese errechnet mittels der Formeln:

$$p_\xi \Delta = \varrho \pi \cos \varphi' \sin t_{\text{Pl}} (1 + y \operatorname{tg} \delta_{\text{Pl}} \sin 1'')$$

$$p_\eta \Delta = \varrho \pi \sin \varphi' \sin (\gamma - \delta_{\text{Pl}}) \operatorname{cosec} \gamma , \quad \text{wo} \quad \operatorname{tg} \gamma = \operatorname{tg} \varphi' \sec t_{\text{Pl}} .$$

Die letzte Spalte enthält die Angabe des benutzten Vergleichsterns, die in ihrer Gesamtheit anschließend an die Zusammenstellung der Messungen katalogmäßig mit genäherten Örtern für 1950.0 aufgeführt sind. Die zahlreich gewonnenen Helligkeitsschätzungen zwischen Vergleichstern und Eros sowie etwaige weitere während der Beobachtungen angefallene Besonderheiten finden sich zum Schluß noch gesondert verzeichnet.

Datum	B		WZ	ξ	η	lg($p_\xi \Delta$)	lg($p_\eta \Delta$)	*
1937 Oktbr. 6	D	x	$23^h13^m22^s.9$	+128″.62		0.5581n		1
6	D	y	23 19 16.1		+ 38″.81		0.2086	1
6	D	x	23 25 43.6	+135.91		0.5308n		1
6	D	y	23 31 9.7		+ 50.22		0.1716	1
7	D	x	0 52 55.7	+186.45		0.2038n		1
7	D	y	1 0 4.0		+134.58		9.8976	1
7	D	x	1 8 28.8	+195.20		0.0955n		1
7	D	y	1 15 56.2		+149.26		9.8597	1
7	D	x	2 52 20.0	- 54.78		0.0703		2
7	D	y	2 57 51.2		-104.11		9.8798	2
7	D	x	3 3 17.6	- 48.24		0.1541		2
7	D	y	3 9 44.9		- 92.72		9.9105	2
7	D	x	22 35 1.8	-217.28		0.6228n		3
7	D	y	22 43 14.5		+131.23		0.2972	3
7	D	x	22 50 24.8	-208.09		0.5976n		3
7	D	y	22 57 59.3		+145.43		0.2533	3
7	D	x	23 46 11.7	-175.95		0.4716n		3
7	D	y	23 53 54.7		+198.62		0.0718	3
8	D	x	0 5 19.5	-165.51		0.4110n		3
8	D	y	0 14 11.0		+218.39		0.0024	3
11	D	x	20 49 18.9	- 92.83		0.7156n		4
11	D	y	20 55 15.7		-158.11		0.5211	4
11	D	x	21 12 9.5	- 81.33		0.7018n		4
11	D	y	21 18 9.0		-136.02		0.4671	4
13	D	x	20 20 20.1	-165.60		0.7251n		5
13	D	y	20 25 46.1		-155.33		0.5644	5
13	D	x	20 31 16.5	-159.94		0.7213n		5
13	D	y	20 37 0.4		-144.27		0.5400	5
13	D	2x	20 56 25.8	+ 17.04		0.7089n		6
13	D	2y	21 2 44.6		- 76.03		0.4798	6
13	D	2x	21 9 38.5	+ 24.05		0.6999n		6
13	D	2y	21 17 26.5		- 61.98		0.4423	6
13	W	2y	21 30 50.3		- 49.27		0.4062	6
13	W	2x	21 41 17.4	+ 39.78		0.6716n		6
13	W	2y	21 49 59.4		- 30.99		0.3509	6
13	W	2x	21 59 50.4	+ 48.76		0.6500n		6
13	D	2x	22 10 39.1	+ 53.70		0.6356n		6
13	D	2y	22 15 50.7		- 6.10		0.2686	6
13	D	2x	22 21 37.7	+ 59.17		0.6193n		6
13	D	2y	22 27 59.6		+ 5.37		0.2267	6
13	W	2y	22 43 51.6		+ 20.12		0.1686	6
13	W	2x	22 51 38.4	+ 73.54		0.5660n		6
13	W	2y	22 59 49.8		+ 35.34		0.1055	6
13	W	2x	23 9 35.8	+ 81.97		0.5266n		6
19	D	2x	19 39 28.2	- 73.17		0.7304		7
19	D	2y	19 45 19.8		+ 47.43		0.5890	7
19	D	2x	19 53 29.6	- 67.67		0.7283n		7
19	D	2y	19 59 25.2		+ 60.66		0.5586	7

Datum	B		WZ	ξ	η	$\lg(p_\xi \Delta)$	$\lg(p_\eta \Delta)$	*
1937 Oktbr. 19	D	2x	$20^h\ 8^m38^s.6$	- 45″47		0.7244n		8
19	D	2y	20 14 50.3		+152″93		0.5230	8
19	D	2x	20 22 36.8	- 39.58		0.7188n		8
19	D	2y	20 28 38.3		+165.96		0.4889	8
19	W	2x	20 40 3.9	- 32.86		0.7095n		8
19	W	2y	20 49 12.3		+185.34		0.4338	8
19	W	2x	20 57 0.6	- 26.11		0.6977n		8
19	W	2y	21 4 40.6		+199.68		0.3886	8
19	W	2x	21 14 39.4	- 35.69		0.6823n		7
19	W	2y	21 22 43.6		+138.76		0.3312	7
19	W	2x	21 30 14.7	- 29.55		0.6661n		7
19	W	2y	21 36 52.6		+151.84		0.2821	7
19	D	2x	21 54 11.7	- 20.54		0.6360n		7
19	D	2y	22 0 8.7		+173.71		0.1926	7
19	D	2x	22 7 16.5	- 15.27		0.6164n		7
19	D	2y	22 14 38.3		+187.44		0.1302	7
19	D	2x	22 32 10.5	-113.13		0.5717n		9
19	D	2y	22 38 56.5		- 46.05		0.0107	9
19	D	2x	22 44 58.5	-108.34		0.5449n		9
19	D	2y	22 52 33.2		- 33.49		9.9338	9
19	W	2x	23 4 56.2	-101.20		0.4967n		9
19	W	2y	23 12 15.5		- 15.54		9.8059	9
19	W	2x	23 19 10.2	- 95.66		0.4565n		9
19	W	2y	23 25 33.0		- 3.18		9.7045	9
20	D	2x	0 6 58.1	- 78.40		0.2681n		9
20	D	2y	0 14 29.9		+ 41.82		9.1024	9
20	D	2x	0 22 3.5	- 73.17		0.1809n		9
20	D	2y	0 29 41.2		+ 55.88		8.6622	9
20	D	2x	2 36 33.8	- 25.29		0.2052		9
20	D	2y	2 43 59.0		+176.53		9.1542	9
20	D	2x	2 53 22.2	- 19.17		0.2961		9
20	D	2y	3 1 11.6		+191.96		9.4150	9
20	D	2x	3 16 56.3	+ 69.10		0.3944		10
20	D	2y	3 22 54.9		+ 35.77		9.6420	10
20	D	2x	3 29 8.9	+ 73.27		0.4364		10
20	D	2y	3 35 0.4		+ 46.47		9.7427	10
20	D	2x	19 19 57.2	- 8.90		0.7304n		11
20	D	2y	19 26 3.6		- 83.09		0.6184	11
20	D	2x	19 31 42.4	- 4.02		0.7304n		11
20	D	2y	19 38 30.3		- 71.54		0.5932	11
20	D	2x	20 14 3.2	+ 12.01		0.7208n		11
20	D	2y	20 20 9.6		- 32.56		0.4975	11
20	D	2x	20 26 39.0	+ 16.87		0.7149n		11
20	D	2y	20 33 34.6		- 20.15		0.4625	11
20	W	2x	21 11 54.8	+ 34.20		0.6818n		11
20	W	2y	21 18 3.4		+ 21.26		0.3281	11
20	W	2x	21 23 32.0	+ 38.84		0.6700n		11
20	W	2y	21 29 52.0		+ 32.57		0.2868	11

Datum	B		WZ	ξ	η	$\lg(p_\xi \Delta)$	$\lg(p_\eta \Delta)$	*
1937 Oktbr. 20	D	2x	$22^h43^m15^s.4$	+ 66″.43		0.5428n		11
20	D	2y	22 49 30.6		+106″.07		9.9090	11
20	D	2x	22 56 30.3	+ 70.96		0.5114n		11
20	D	2y	23 3 11.7		+118.60		9.8161	11
20	W	2x	23 12 41.6	+ 77.01		0.4676n		11
20	W	2y	23 19 44.2		+134.09		9.6834	11
20	W	2x	23 26 14.4	+ 81.92		0.4253n		11
20	W	2y	23 35 37.2		+148.65		9.5261	11
21	D	2x	0 1 51.8	+ 93.41		0.2798n		11
21	D	2y	0 9 13.5		+178.88		8.9402	11
21	D	2x	0 17 5.9	+ 98.82		0.1945n		11
21	D	2y	0 24 0.7		+192.44		7.7634	11
21	D	2x	2 27 8.4	−158.45		0.1626		12
21	D	2y	2 35 58.6		− 56.79		8.7706	12
21	D	2x	2 43 56.3	−153.10		0.2626		12
21	D	2y	2 51 32.3		− 43.32		9.1979	12
21	W	2x	3 11 16.4	−143.30		0.3839		12
21	W	2y	3 20 5.6		− 18.04		9.5876	12
21	W	2x	3 28 15.6	−138.14		0.4426		12
21	W	2y	3 36 7.6		− 3.80		9.7344	12
21	D	2x	3 53 34.1	−129.28		0.5137		12
21	D	2y	4 0 25.4		+ 17.44		9.9087	12
21	D	2x	4 7 12.6	−124.59		0.5457		12
21	D	2y	4 14 16.2		+ 29.36		9.9916	12
21	D	x	19 33 32.7	+162.83		0.7312n		13
21	D	y	19 41 45.0		+305.78		0.5760	13
21	D	x	19 49 1.0	+168.60		0.7287n		13
21	D	y	19 56 32.3		+319.43		0.5427	13
21	W	x	20 12 29.3	+177.42		0.7212n		13
21	W	y	20 21 32.6		+342.93		0.4809	13
21	W	x	20 31 37.9	+184.24		0.7116n		13
21	W	y	20 46 25.0		+366.12		0.4114	13
21	D	x	21 17 47.8	+200.72		0.6741n		13
21	D	y	21 26 4.1		+402.90		0.2797	13
21	D	x	21 33 43.1	+205.93		0.6560n		13
21	D	y	21 41 3.1		+416.85		0.2218	13
22	D	2x	19 26 26.2	−153.65		0.7307n		14
22	D	2y	19 32 53.6		+ 40.70		0.5847	14
22	D	2x	19 39 35.8	−149.00		0.7292n		14
22	D	2y	19 46 24.9		+ 53.39		0.5547	14
22	W	2x	19 56 34.4	−142.37		0.7252n		14
22	W	2y	20 2 55.9		+ 68.65		0.5154	14
22	W	2x	20 8 48.5	−138.25		0.7208n		14
22	W	2y	20 15 8.0		+ 79.82		0.4843	14
22	D	2x	21 3 17.5	−120.35		0.6847n		14
22	D	2y	21 10 38.6		+130.98		0.3152	14
22	D	2x	21 19 3.7	−115.29		0.6688n		14
22	D	2y	21 27 11.8		+146.43		0.2536	14

Datum	B		WZ	ξ	η	$\lg(p_\xi\Delta)$	$\lg(p_\eta\Delta)$	*
1937 Oktbr. 22	D	2x	$22^h21^m23^s.8$	− 95″.49		0.5763n		14
22	D	2y	22 29 38.7		+203″.76		9.9460	14
22	D	2x	22 38 33.8	− 89.84		0.5407n		14
22	D	2y	22 46 14.9		+219.04		9.8318	14
22	W	2x	22 59 26.6	− 82.91		0.4886n		14
22	W	2y	23 7 2.8		+237.83		9.6514	14
22	W	2x	23 15 3.4	− 78.51		0.4428n		14
22	W	2y	23 22 55.0		+251.96		9.4660	14
22	D	2x	23 53 32.7	−170.58		0.2911n		15
23	D	2y	0 2 26.2		− 62.96		8.1542n	15
23	D	2x	0 9 42.4	−166.17		0.2031n		15
23	D	2y	0 18 13.2		− 48.54		9.0134n	15
23	W	2x	2 24 49.5	−125.54		0.1866		15
23	W	2y	2 32 20.1		+ 69.79		8.5356n	15
23	W	2x	2 40 25.6	−120.75		0.2753		15
23	W	2y	2 48 52.6		+ 84.36		8.8749	15
23	D	2x	3 5 18.7	−113.43		0.3841		15
23	D	2y	3 13 40.0		+105.98		9.4451	15
23	D	2x	3 22 59.2	−107.89		0.4450		15
23	D	2y	3 30 46.9		+120.55		9.6487	15
23	D	2x	3 51 19.3	− 99.44		0.5230		15
23	D	2y	3 59 29.8		+145.25		9.8868	15
23	D	2x	4 7 20.9	− 94.67		0.5590		15
23	D	2y	4 14 23.8		+157.80		9.9823	15
23	W	2x	4 27 24.0	− 88.43		0.5975		15
23	W	2y	4 35 56.6		+176.29		0.0997	15
23	W	2x	4 43 3.8	− 83.92		0.6232		15
23	W	2y	4 50 11.4		+188.62		0.1668	15
25	D	x	19 40 10.6	+284.84		0.7258n		16
25	D	y	19 51 9.5		−405.29		0.5067	16
25	D	x	20 49 44.9	+303.07		0.6872n		16
25	D	y	20 59 39.4		−343.21		0.2939	16
25	D	x	21 9 42.8	+308.71		0.6685n		16
25	D	y	21 19 33.0		−324.59		0.2134	16
27	D	2x	19 50 8.8	+ 73.10		0.7215n		17
27	D	2y	19 57 6.4		− 97.98		0.4630	17
27	D	2x	20 4 32.7	+ 76.46		0.7150n		17
27	D	2y	20 12 3.1		− 84.27		0.4188	17
27	W	2x	20 39 1.1	+ 84.59		0.6917n		17
27	W	2y	20 46 26.6		− 53.29		0.3014	17
27	W	2x	20 53 36.6	+ 88.36		0.6786n		17
27	W	2y	21 1 48.7		− 39.98		0.2398	17
27	D	2x	21 13 38.8	+ 92.36		0.6566n		17
27	D	2y	21 21 43.3		− 22.79		0.1488	17
27	D	2x	21 29 41.5	+ 95.58		0.6357n		17
27	D	2y	21 37 58.4		− 8.75		0.0625	17
27	W	2x	22 11 58.6	+105.10		0.5635n		17
27	W	2y	22 19 44.0		+ 28.57		9.7557	17

Datum	B		WZ	ξ	η	lg($p_\xi \Delta$)	lg($p_\eta \Delta$)	*
1937 Oktbr. 27	W	2x	22h28m46s.2	+108″.62		0.5265n		17
27	W	2y	22 37 1.3		+ 43″.66		9.5554	17
27	D	2x	22 54 39.9	+113.37		0.4572n		17
27	D	2y	23 3 11.8		+ 66.29		8.9004	17
27	D	2x	23 12 9.7	+117.02		0.3995n		17
27	D	2y	23 21 34.1		+ 81.99		8.9395n	17
28	D	2x	2 16 2.6	- 9.13		0.2274		18
28	D	2y	2 23 8.9		- 74.97		9.4044n	18
28	D	2x	2 30 8.5	- 6.16		0.3010		18
28	D	2y	2 37 12.0		- 63.57		9.1834n	18
28	D	2x	2 56 48.5	+222.61		0.4092		19
28	D	2y	3 6 48.8		-124.94		9.0406	19
28	D	2x	3 13 41.4	+225.84		0.4635		19
28	D	2y	3 20 55.0		-113.66		9.4119	19
28	W	2x	3 33 59.5	+229.58		0.5182		19
28	W	2y	3 42 32.0		- 96.25		9.7090	19
28	W	2x	3 51 30.7	+233.72		0.5579		19
28	W	2y	4 0 52.1		- 81.31		9.8756	19
28	D	2x	4 17 8.5	+238.07		0.6060		19
28	D	2y	4 24 49.2		- 61.43		0.0385	19
28	D	2x	4 32 18.6	+241.52		0.6298		19
28	D	2y	4 39 55.9		- 48.89		0.1223	19
28	D	2x	19 41 50.9	- 56.41		0.7229n		20
28	D	2y	19 50 20.0		-238.24		0.4672	20
28	D	2x	19 59 1.8	- 52.82		0.7157n		20
28	D	2y	20 6 18.6		-224.34		0.4200	20
28	D	2x	20 18 36.9	+ 77.81		0.7052n		21
28	D	2y	20 26 57.6		+ 84.45		0.3521	21
28	D	2x	20 35 17.9	+ 81.28		0.6927n		21
28	D	2y	20 43 20.6		+ 98.70		0.2916	21
28	W	2x	20 54 2.0	- 42.04		0.6744n		20
28	W	2y	21 2 19.3		-175.25		0.2124	20
28	W	2x	21 10 42.2	- 38.64		0.6558n		20
28	W	2y	21 17 46.6		-161.78		0.1386	20
28	D	2x	21 51 40.0	- 30.42		0.5955n		20
28	D	2y	21 59 19.3		-125.66		9.8761	20
28	D	2x	22 7 19.5	- 27.86		0.5659n		20
28	D	2y	22 15 51.4		-110.94		9.7252	20
28	W	2x	22 29 44.4	- 23.45		0.5158n		20
28	W	2y	22 36 29.3		- 93.11		9.4472	20
28	W	2x	22 44 24.6	- 20.77		0.4771n		20
28	W	2y	22 50 16.6		- 81.50		9.1092	20
28	D	2x	23 2 15.4	- 17.84		0.4222n		20
28	D	2y	23 9 24.4		- 65.14		8.7655n	20
28	D	2x	23 17 5.7	- 15.59		0.3681n		20
28	D	2y	23 24 20.0		- 52.15		9.2685n	20
29	W	2x	2 3 45.9	+ 12.57		0.1725		20
29	W	2y	2 11 30.9		+ 87.73		9.5522n	20

Datum	B		WZ	ξ	η	lg(p_ξΔ)	lg(p_ηΔ)	*
1937 Oktbr. 29	W	2x	$2^h 19^m 37^s.0$	+ 15″.39		0.2655		20
29	W	2y	2 27 37.7		+101″.16		9.3966n	20
29	D	2x	2 42 14.2	+ 19.22		0.3680		20
29	D	2y	2 50 46.6		+119.67		8.7762n	20
29	D	2x	2 58 30.3	+ 21.97		0.4270		20
29	D	2y	3 6 6.8		+131.85		8.9423	20
29	D	2x	3 12 39.0	+ 24.19		0.4709		20
29	D	2y	3 20 35.8		+143.84		9.3855	20
29	D	2x	19 14 24.0	+108.20		0.7292n		22
29	D	2y	19 22 28.1		-113.80		0.5276	22
29	D	2x	19 30 41.6	+111.59		0.7258n		22
29	D	2y	19 38 32.9		- 99.81		0.4855	22
29	W	2x	19 47 44.4	+114.69		0.7198n		22
29	W	2y	19 54 26.4		- 85.87		0.4399	22
29	W	2x	20 0 4.1	+117.15		0.7139n		22
29	W	2y	20 6 23.1		- 75.51		0.4029	22
29	D	2x	20 17 13.7	+120.61		0.7035n		22
29	D	2y	20 23 59.5		- 60.25		0.3432	22
29	D	2x	20 32 59.8	+123.42		0.6914n		22
29	D	2y	20 39 46.4		- 46.65		0.2834	22
29	W	2x	20 48 1.4	+125.71		0.6776n		22
29	W	2y	20 54 51.4		- 33.52		0.2198	22
29	W	2x	21 0 35.5	+128.01		0.6642n		22
29	W	2y	21 7 19.8		- 22.94		0.1611	22
29	D	2x	21 54 12.5	+137.17		0.5853n		22
29	D	2y	22 1 4.5		+ 23.79		9.8034	22
29	D	2x	22 7 24.6	+139.29		0.5594n		22
29	D	2y	22 13 51.5		+ 34.59		9.6696	22
29	W	2x	22 22 7.0	+141.57		0.5267n		22
29	W	2y	22 28 4.7		+ 46.66		9.4650	22
29	W	2x	22 34 33.1	+143.30		0.4955n		22
29	W	2y	22 41 37.4		+58.12		9.1383	22
Novbr. 1	D	2x	19 11 33.9	+137.54		0.7281n		23
1	D	2y	19 20 30.6		- 64.99		0.4916	23
1	D	2x	19 28 18.4	+139.69		0.7235n		23
1	D	2y	19 36 50.8		- 51.16		0.4446	23
1	W	2x	19 48 24.1	+142.07		0.7148n		23
1	W	2y	19 57 44.7		- 34.01		0.3773	23
1	W	2x	20 6 28.6	+144.22		0.7039n		23
1	W	2y	20 13 50.5		- 20.83		0.3189	23
1	D	2x	21 6 27.0	+150.90		0.6445n		23
1	D	2y	21 16 14.4		+ 31.18		0.0053	23
1	D	2x	21 24 31.5	+152.52		0.6184n		23
1	D	2y	21 33 20.6		+ 45.32		9.8756	23
1	W	2x	21 45 47.1	+154.44		0.5818n		23
1	W	2y	21 54 5.9		+ 62.23		9.6593	23
1	W	2x	22 2 7.2	+155.61		0.5487n		23
1	W	2y	22 9 57.6		+ 75.35		9.3978	23

Datum	B		WZ	ξ	η	lg($p_\xi \Delta$)	lg($p_\eta \Delta$)	*
1937 Novbr. 12	D	2x	20ʰ 2ᵐ13ˢ2	- 44″67		0.6696n		24
12	D	2y	20 12 35.7		- 55″03		9.9801	24
12	D	2x	20 23 26.3	- 48.01		0.6440n		24
12	D	2y	20 30 15.1		- 44.43		9.8179	24
15	D	x	19 1 58.5	+ 20.24		0.7110n		25
15	D	y	19 9 50.9		+443.14		0.2522	25
15	D	x	19 17 50.4	+ 17.20		0.7001n		25
15	D	y	19 25 46.3		+451.87		0.1712	25
15	D	2x	20 26 46.2	-283.29		0.6201n		26
15	D	2y	20 36 13.3		- 74.24		9.4263	26
15	D	x	20 44 1.2	-286.89		0.5913n		26
18	D	2x	18 11 44.5	+200.61		0.7256n		27
18	D	2y	18 19 8.5		- 17.71		0.3906	27
18	D	2x	18 27 47.4	+196.55		0.7198n		27
18	D	2y	18 36 12.1		- 10.26		0.3251	27
18	D	2x	19 18 35.5	+183.31		0.6862n		27
18	D	2y	19 26 19.4		+ 12.14		0.0602	27
18	D	2x	19 34 21.7	+178.88		0.6706n		27
18	D	2y	19 42 38.2		+ 19.18		9.9321	27
18	W	2x	20 14 28.8	+167.83		0.6180n		27
18	W	2y	20 21 39.5		+ 36.03		9.3144	27
18	W	2x	20 29 12.0	+163.61		0.5934n		27
18	W	2y	20 36 50.9		+ 42.36		8.3447n	27
21	W	2x	17 40 43.0	+127.54		0.7285n		28
21	W	2y	17 50 34.4		-218.87		0.4316	28
21	W	2x	18 0 33.4	+121.48		0.7238n		28
21	W	2y	18 9 41.2		-212.74		0.3637	28
21	D	2x	18 22 28.0	+115.02		0.7148n		28
21	D	2y	18 29 46.2		-205.39		0.2803	28
21	D	2x	18 38 4.8	+109.86		0.7057n		28
21	D	2y	18 46 0.7		-200.02		0.2006	28
21	W	2x	19 3 6.8	+102.06		0.6863n		28
21	W	2y	19 12 5.6		-191.38		0.0389	28
21	W	2x	19 20 10.2	+ 96.75		0.6695n		28
21	W	2y	19 28 41.7		-186.02		9.8999	28
21	D	2x	19 44 23.9	+ 88.09		0.6400n		28
21	D	2y	19 52 55.3		-177.85		9.5810	28
21	D	2x	20 0 52.5	+ 82.69		0.6158n		28
21	D	2y	20 9 40.2		-172.55		9.0575	28
21	W	2x	20 24 28.4	+ 75.31		0.5743n		28
21	W	2y	20 33 13.9		-165,07		9.3656n	28
21	W	2x	20 43 2.7	+ 68.33		0.5351n		28
21	W	2y	20 53 20.8		-158.84		9.6973n	28
21	D	2x	21 14 11.8	+ 57.23		0.4524n		28
21	D	2y	21 22 19.0		-149.66		9.9190n	28
21	D	2x	21 30 22.7	+ 51.78		0.3986n		28
21	D	2y	21 37 56.5		-144.90		9.9920n	28
22	W	2x	1 24 5.3	- 33.87		0.4406		28

Datum	B		WZ	ξ	η	lg($p_\xi \Delta$)	lg($p_\eta \Delta$)	*
1937 Novbr. 22	W	2y	1h31m28s5		- 82″65		9.8495n	28
22	W	2x	1 40 9.8	- 39″87		0.4880		28
22	W	2y	1 49 1.1		- 78.71		9.6981n	28
22	D	2x	2 0 51.1	- 46.61		0.5393		28
22	D	2y	2 9 49.7		- 73.99		9.3499n	28
22	D	2x	2 17 9.8	- 52.39		0.5736		28
22	D	2y	2 24 51.8		- 70.49		7.7667n	28
22	W	2x	3 0 48.4	- 67.70		0.6446		28
22	W	2x	3 17 10.8	- 73.16		0.6647		28
22	W	2y	3 25 27.4		- 57.79		0.0020	28
22	D	2x	3 40 24.8	- 80.80		0.6881		28
22	D	2y	3 49 23.7		- 52.77		0.1620	28
22	D	2x	3 58 49.8	- 86.78		0.7027		28
22	D	2y	4 8 21.3		- 48.95		0.2604	28
22	D	2x	4 19 4.4	- 93.28		0.7151		28
22	D	2y	4 27 5.9		- 45.27		0.3416	28
22	D	2x	4 35 7.3	- 98.34		0.7222		28
22	D	2y	4 44 3.7		- 41.94		0.4050	28
22	D	2x	17 29 20.3	- 12.56		0.7295n		29
22	D	2y	17 36 41.0		-180.89		0.4586	29
22	D	2x	17 45 3.6	- 17.71		0.7269n		29
22	D	2y	17 53 7.4		-175.96		0.4041	29
22	W	2x	18 4 53.6	- 23.96		0.7207n		29
22	W	2y	18 12 36.2		-169.96		0.3302	29
22	W	2x	18 19 46.6	- 28.95		0.7137n		29
22	W	2y	18 27 41.8		-165.34		0.2642	29
22	D	2x	18 40 29.7	- 35.22		0.7008n		29
22	D	2y	18 47 9.1		-159.39		0.1635	29
22	D	2x	18 54 3.9	- 40.26		0.6901n		29
22	D	2y	19 0 54.2		-155.30		0.0781	29
22	W	2x	19 14 23.0	- 47.01		0.6706n		29
22	W	2y	19 23 4.6		-148.81		9.8994	29
22	W	2x	19 31 8.1	- 52.99		0.6511n		29
22	W	2y	19 39 48.4		-143.94		9.7023	29
22	D	2x	20 9 21.0	- 66.31		0.5934n		29
22	D	2y	20 16 43.1		-133.32		8.9049n	29
22	D	2x	20 23 51.8	- 71.71		0.5659n		29
22	D	2y	20 31 26.4		-129.11		9.4628n	29
22	W	2x	20 46 7.0	- 79.84		0.5161n		29
22	W	2y	20 55 34.1		-122.52		9.7786n	29
22	W	2x	21 4 30.6	- 86.48		0.4667n		29
22	W	2y	21 12 26.2		-117.95		9.8990n	29
23	D	2x	1 25 43.8	-185.31		0.4610		29
23	D	2y	1 33 43.1		- 58.46		9.8054n	29
23	D	2x	1 43 57.6	-192.35		0.5110		29
23	D	2y	1 52 33.0		- 54.88		9.6066n	29
23	W	2x	2 7 52.1	-202.04		0.5651		29
23	W	2y	2 16 51.2		- 50.38		8.8071n	29

Datum	B		WZ	ξ	η	lg($p_\xi \Delta$)	lg($p_\eta \Delta$)	*
1937 Novbr. 23	W	2x	$2^h25^m52^s.4$	-209".04		0.5990		29
23	W	2y	2 35 38.9		- 47".18		9.3511	29
23	D	2x	2 57 38.6	-218.78		0.6470		29
23	D	2y	3 7 7.8		- 41.88		9.8767	29
23	D	2x	3 16 25.6	-226.02		0.6694		29
23	D	2y	3 24 24.6		- 39.20		0.0269	29
23	W	2x	3 37 19.7	-233.90		0.6898		29
23	W	2y	3 47 34.6		- 35.06		0.1763	29
23	W	2x	3 56 36.7	-240.46		0.7047		29
23	W	2y	4 5 46.0		- 32.21		0.2688	29
23	D	x	4 16 44.0	-246.34		0.7165		29
23	D	y	4 24 7.1		- 29.66		0.3473	29
23	D	x	4 32 13.1	-252.10		0.7231		29
23	D	y	4 40 2.4		- 27.04		0.4064	29
27	D	2x	17 21 24.4	- 53.22		0.7257n		30
27	D	2y	17 29 34.2		-362.36		0.3922	30
27	D	2x	17 38 51.3	- 59.94		0.7202n		30
27	D	2y	17 46 54.6		-361.02		0.3249	30
27	W	2x	17 56 50.3	- 67.27		0.7116n		30
27	W	2y	18 5 6.7		-359.51		0.2427	30
27	W	2x	18 13 10.8	- 73.55		0.7013n		30
27	W	y	18 23 43.2		-357.98		0.1418	30
27	D	2x	18 44 28.1	+134.02		0.6750n		31
27	D	2y	18 52 47.2		-205.92		9.9272	31
27	D	2x	19 0 31.4	+127.36		0.6572n		31
27	D	2y	19 8 28.8		-204.83		9.7552	31
27	W	2x	19 18 43.0	+120.39		0.6334n		31
27	W	2y	19 28 28.1		-203.61		9.3722	31
27	W	2x	19 35 33.2	+113.14		0.6075n		31
27	W	2y	19 42 35.3		-202.58		8.1507	31
27	D	2x	20 6 29.3	-119.85		0.5480n		30
27	D	2y	20 16 18.6		-349.54		9.6670n	30
27	D	2x	20 25 3.3	-128.10		0.5041n		30
27	D	2y	20 33 57.7		-348.52		9.8347n	30
27	W	2x	20 44 59.4	-136.95		0.4478n		30
27	W	2y	20 55 6.9		-347.73		9.9609n	30
27	W	2x	21 5 53.0	-146.02		0.3757n		30
27	W	2y	21 14 39.7		-346.58		0.0398n	30
28	D	x	17 15 20.2	+175.93		0.7289n		32
28	D	y	17 22 50.2		+375.58		0.3976	32
28	D	x	17 29 49.0	+170.19		0.7245n		32
28	D	y	17 37 19.4		+376.07		0.3428	32
28	W	x	17 51 11.3	+161.95		0.7148n		32
28	W	y	17 58 3.0		+376.66		0.2518	32
28	W	x	18 3 54.9	+157.07		0.7070n		32
28	W	y	18 11 12.2		+377.05		0.1840	32
29	W	2x	0 58 31.2	- 28.28		0.4730		32
29	W	2y	1 6 13.5		+369.85		9.8019n	32

Datum	B		WZ	ξ	η	lg($p_\xi \Delta$)	lg($p_\eta \Delta$)	*
1937 Novbr. 29	W	2x	$1^h15^m52^s.1$	- 35".60		0.5192		32
29	W	2y	1 27 29.1		+368".04		9.5568n	32
29	D	2x	1 39 15.0	- 46.14		0.5711		32
29	D	2y	1 47 18.4		+366.10		8.8912n	32
29	D	2x	1 55 50.4	- 52.97		0.6018		32
29	D	2y	2 4 45.3		+364.22		9.2806	32
29	W	2x	2 23 19.9	- 65.09		0.6439		32
29	W	y	2 30 9.4		+361.73		9.7887	32
29	W	2x	2 37 46.6	- 71.51		0.6621		32
29	W	y	2 45 8.4		+360.62		9.9445	32
29	D	2x	2 58 17.0	- 79.68		0.6838		32
29	D	y	3 6 16.7		+357.44		0.1044	32
29	D	2x	3 13 58.9	- 85.87		0.6975		32
29	D	y	3 20 52.4		+355.74		0.1909	32
Dezbr. 6	D	2x	19 38 29.1	+ 22.22		0.5051n		33
6	D	2y	19 45 44.8		+103.48		9.7465n	33
6	D	2x	19 52 58.8	+ 15.99		0.4651n		33
6	D	2y	20 0 6.9		+ 97.28		9.8565n	33
6	D	2x	20 8 59.7	+ 9.04		0.4139n		33
6	D	2y	20 15 19.2		+ 90.97		9.9402n	33
6	D	2x	20 22 24.9	+ 3.06		0.3639n		33
6	D	2y	20 29 51.4		+ 85.02		9.9998n	33
6	W	2x	20 44 6.5	- 6.18		0.2648n		33
6	W	2y	20 50 43.8		+ 75.99		0.0622n	33
6	W	2x	20 58 25.3	- 12.42		0.1816n		33
6	W	2y	21 6 56.3		+ 68.95		0.0959n	33
11	D	2x	19 4 36.7	+ 46.59		0.5262n		34
11	D	2y	19 12 12.1		-163.26		9.4550n	34
11	D	2x	19 20 15.8	+ 40.90		0.4862n		34
11	D	2y	19 29 8.8		-174.85		9.6827n	34
11	W	2x	19 42 5.4	+ 32.90		0.4196n		34
11	W	2y	19 50 8.1		-189.50		9.8420n	34
11	W	2x	19 58 4.5	+ 27.32		0.3606n		34
11	W	2y	20 6 51.7		-201.20		9.9243n	34
11	D	2x	20 23 44.4	+ 18.00		0.2391n		34
11	D	2y	20 31 58.8		-219.21		0.0061n	34
11	D	2x	20 41 11.5	+ 11.62		0.1274n		34
11	D	2y	20 49 20.0		-231.45		0.0424n	34
11	D	2x	22 53 2.8	- 36.17		0.2338		34
11	D	y	23 1 25.7		-330.18		9.9571n	34
11	D	2x	23 9 18.1	- 42.18		0.3160		34
11	D	y	23 16 14.6		-341.87		9.8975n	34
11	W	2x	23 29 55.2	- 49.40		0.3993		34
11	W	y	23 39 11.0		-359.76		9.7587n	34
11	W	2x	23 46 40.3	- 55.20		0.4546		34
11	W	y	23 55 13.8		-372.44		9.6004n	34
12	D	2x	0 39 41.0	+107.36		0.5834		35
12	D	2y	0 49 29.0		+ 76.43		9.5175	35

Datum	B		WZ	ξ	η	$\lg(p_\xi \Delta)$	$\lg(p_\eta \Delta)$	*
1937 Dezbr. 12	D	2x	$0^h58^m45^s.7$	+101″.03		0.6163		35
12	D	2y	1 8 46.2		+ 60″.96		9.8009	35
12	W	2x	1 25 13.6	+ 92.44		0.6536		35
12	W	2y	1 36 10.6		+ 38.81		0.0403	35
12	W	2x	1 47 49.4	+ 85.21		0.6787		35
12	W	2y	1 58 37.0		+ 19.89		0.1771	35
12	D	2x	19 7 8.9	-174.70		0.5081n		36
12	D	2y	19 15 30.7		-190.00		9.5294n	36
12	D	2x	19 24 12.0	-180.69		0.4612n		36
12	D	2y	19 33 4.8		-203.22		9.7250n	36
13	D	2x	16 35 22.7	- 4.35		0.7134n		37
13	D	2y	16 42 44.9		+ 73.61		0.3168	37
13	D	2x	16 50 28.3	- 8.57		0.7039n		37
13	D	2y	16 57 48.8		+ 61.79		0.2520	37
13	W	2x	17 8 39.5	- 13.63		0.6897n		37
13	W	2y	17 14 51.4		+ 48.95		0.1676	37
13	W	2x	17 21 13.3	- 16.80		0.6779n		37
13	W	2y	17 28 33.3		+ 38.46		0.0884	37
13	D	2x	17 39 27.5	- 21.65		0.6578n		37
13	D	2y	17 44 49.7		+ 25.68		9.9751	37
13	D	2x	17 50 49.8	- 24.94		0.6433n		37
13	D	2y	17 57 25.9		+ 15.72		9.8670	37
13	W	2x	18 5 25.9	- 29.18		0.6223n		37
13	W	2y	18 11 7.1		+ 5.08		9.7150	37
13	W	2x	18 16 58.5	- 32.81		0.6037n		37
13	W	2y	18 25 12.0		- 5.83		9.4872	37
13	D	2x	19 1 2.3	- 45.61		0.5122n		37
13	D	2y	19 8 53.4		- 40.55		9.4302n	37
13	D	2x	19 15 59.5	- 50.31		0.4720n		37
13	D	2y	19 22 54.2		- 51.80		9.6293n	37
13	W	2x	19 35 5.4	- 56.29		0.4116n		37
13	W	2y	19 42 33.9		- 67.79		9.7927n	37
13	W	2x	19 52 2.8	- 61.62		0.3468n		37
13	W	2y	20 1 19.7		- 82.84		9.8904n	37
13	D	2x	22 49 15.8	-117.49		0.2649		37
13	D	2y	22 59 54.1		-235.12		9.8762n	37
13	D	2x	23 11 6.0	-124.84		0.3642		37
13	D	2y	23 21 0.6		-254.11		9.7539n	37
13	W	2x	23 35 19.6	-132.67		0.4491		37
13	W	2y	23 45 4.4		-276.20		9.4982n	37
13	W	2x	23 55 13.3	-138.32		0.5051		37
14	W	2y	0 6 46.2		-295.03		8.7019n	37
14	D	2x	0 25 45.0	- 97.17		0.5746		38
14	D	2y	0 33 37.4		+ 23.29		9.5060	38
14	D	2x	0 42 19.4	-102.03		0.6046		38
14	D	2y	0 49 36.2		+ 8.63		9.7501	38
14	W	2x	1 22 39.6	-113.99		0.6616		38
14	W	2y	1 29 59.7		- 29.06		0.0924	38

Datum	B		WZ	ξ	η	$\lg(p_\xi \Delta)$	$\lg(p_\eta \Delta)$	*
1937 Dezbr. 14	W	2x	1h38m48s7	-117″80		0.6789		38
14	W	2y	1 47 33.5		- 45″47		0.1913	38
15	D	2x	17 4 49.0	+ 53.38		0.6836n		39
15	D	2y	17 14 34.2		-310.58		0.1468	39
15	D	2x	17 24 23.1	+ 49.39		0.6635n		39
15	D	2y	17 32 53.9		-326.57		0.0356	39
15	W	2x	17 48 26.0	+225.31		0.6346n		40
15	W	2y	17 57 4.4		+189.56		9.8400	40
15	W	2x	18 7 26.9	+220.73		0.6049n		40
15	W	2y	18 17 18.0		+171.35		9.5883	40
15	D	2x	18 35 55.0	+213.66		0.5502n		40
15	D	2y	18 45 40.0		+145.73		7.5628	40
15	D	2x	18 54 1.6	+209.29		0.5075n		40
15	D	2y	19 2 59.1		+129.98		9.3074n	40
15	W	2x	19 34 14.0	+198.74		0.3820n		40
15	W	2y	19 41 20.1		+ 94.91		9.7657n	40
15	W	2x	19 49 49.8	+194.69		0.3172n		40
15	W	2y	19 58 54.8		+ 78.74		9.8562n	40
22	D	2x	16 31 11.3	-117.12		0.6892n		41
22	D	2y	16 39 18.5		+ 79.42		0.2815	41
22	D	2x	16 48 10.3	-117.56		0.6727n		41
22	D	2y	16 57 12.9		+ 57.17		0.2065	41
22	D	2x	17 8 9.7	-117.64		0.6493n		41
22	D	2y	17 16 15.0		+ 33.18		0.1146	41
22	D	2x	17 25 56.2	-118.01		0.6244n		41
22	D	2y	17 34 21.2		+ 9.97		0.0115	41
22	W	2x	18 0 9.2	-118.44		0.5639n		41
22	W	2y	18 7 44.0		- 32.41		9.7548	41
22	W	2x	18 16 53.6	-119.01		0.5270n		41
22	W	2y	18 27 59.8		- 58.38		9.5114	41
22	W	2x	22 24 44.3	+178.18		0.3295		42
22	W	2y	22 33 2.0		-106.13		8.8773n	42
22	W	2x	22 43 27.5	+177.80		0.4034		42
22	W	2y	22 51 56.7		-131.91		8.9855	42
22	W	2x	23 21 12.2	+176.88		0.5153		42
22	W	2y	23 30 49.7		-185.75		9.7260	42
22	W	2x	23 43 47.6	+175.92		0.5657		42
22	W	2y	23 53 43.1		-218.03		9.9218	42
23	W	2x	0 23 11.2	+176.51		0.6326		42
23	W	2y	0 31 49.3		-271.56		0.1482	42
23	W	2x	0 41 15.0	+176.24		0.6565		42
23	W	2y	0 52 22.1		-300.76		0.2418	42
1938 Jan. 4	D	2x	18 9 42.5	-106.79		0.4350n		43
4	D	2y	18 19 27.0		- 97.07		0.0935	43
4	D	2x	18 29 9.0	- 96.78		0.3652n		43
4	D	2y	18 40 3.0		-135.29		0.0374	43
4	W	x	19 25 5.8	-338.81		0.0317n		44
4	W	2y	19 36 8.1		- 17.14		9.9200	44

Datum	B		WZ	ξ	η	$\lg(p_\xi \Delta)$	$\lg(p_\eta \Delta)$	*
1938 Jan. 4	W	x	$19^h 49^m 23^s.4$	-326″10		9.7082n		44
4	W	2y	19 59 4.2		- 60″49		9.8992	44
4	D	x	22 22 31.1	-246.32		0.4650		44
4	D	y	22 33 28.6		-357.88		0.1868	44
4	D	x	22 43 52.8	-235.47		0.5217		44
4	D	y	22 52 32.3		-395.47		0.2050	44
4	W	2x	23 17 12.7	-134.10		0.5917		45
4	W	2y	23 27 56.8		-195.47		0.3368	45
4	W	2x	23 39 12.7	-122.23		0.6275		45
4	W	2y	23 50 24.1		-239.35		0.3941	45
5	D	2x	0 5 36.7	-106.55		0.6620		45
5	D	2y	0 16 55.9		-291.76		0.4576	45
5	D	2x	0 31 10.1	- 91.56		0.6878		45
5	D	2y	0 42 47.5		-343.00		0.5146	45
6	D	2x	22 24 8.4	- 15.49		0.4836		46
6	D	2y	22 32 14.4		-177.52		0.2527	46
6	D	2x	22 40 43.5	- 5.25		0.5260		46
6	D	2y	22 49 33.4		-212.39		0.2950	46
6	D	2x	23 11 31.8	+ 15.31		0.5899		46
6	D	2y	23 21 8.0		-276.11		0.3704	46
6	D	2x	23 28 56.3	+ 26.29		0.6190		46
6	D	2y	23 37 31.4		-309.20		0.4085	46
6	D	2x	23 46 34.0	+ 38.18		0.6442		46
22	D	2x	17 47 31.4	- 49.01		0.3965n		47
22	D	2y	17 58 16.6		+284.85		0.5147	47
22	D	2x	18 6 7.7	- 26.25		0.3214n		47
22	D	2y	18 13 8.0		+253.56		0.5050	47
22	W	2x	18 22 37.4	- 5.39		0.2389n		47
22	W	2y	18 30 57.0		+215.40		0.4954	47
22	W	2x	18 39 27.7	+ 15.33		0.1316n		47
22	W	2y	18 47 7.6		+181.08		0.4883	47
22	D	2x	19 0 54.6	+ 41.89		9.9347n		47
22	D	2y	19 8 37.4		+135.95		0.4820	47
22	D	2x	19 16 42.2	+ 61.48		9.6920n		47
22	D	2y	19 24 47.2		+101.70		0.4794	47
22	W	2x	19 34 48.0	+ 83.48		8.8272n		47
22	W	2y	19 43 34.6		+ 61.51		0.4792	47
22	W	2x	19 53 24.0	+106.52		9.5679		47
22	W	2y	20 1 28.1		+ 23.43		0.4816	47
25	W	2x	17 45 35.6	- 26.80		0.3886n		48
25	W	y	17 53 11.3		+340.93		0.5586	48
25	W	2x	17 59 36.6	- 8.19		0.3322n		48
25	W	y	18 7 52.4		+310.13		0.5404	48
30	D	2x	18 58 44.9	-257.21		9.8263n		49
30	D	2y	19 7 4.0		+101.68		0.5970	49
30	D	2x	19 14 42.6	-234.14		9.4723n		49
30	D	2y	19 22 3.2		+ 71.50		0.5962	49
30	W	2x	19 38 26.8	-199.24		9.4165		49

Datum	B		WZ	ξ	η	lg($p_\xi \Delta$)	lg($p_\eta \Delta$)	*
1938 Jan. 30	W	2y	19h47m59s9		+ 21″42		0.5974	49
30	W	2x	19 56 21.2	-173″48		9.8325		49
30	W	2y	20 4 4.0		- 13.25		0.5996	49
30	D	2x	20 31 28.7	-142.49		0.1726		50
30	D	2y	20 38 42.2		+153.55		0.6088	50
30	D	2x	20 45 40.0	-122.31		0.2566		50
30	D	2y	20 54 5.8		+122.47		0.6146	50
30	W	2x	21 7 17.8	- 90.36		0.3571		50
30	W	2y	21 15 17.6		+ 79.57		0.6240	50
Febr. 1	W	2x	18 3 39.6	+202.06		0.2721n		51
1	W	2y	18 11 35.8		- 87.19		0.6302	51
1	W	2x	18 19 17.0	+225.19		0.1827n		51
1	W	2y	18 26 16.1		-115.65		0.6261	51
1	W	2x	18 40 52.0	-167.30		0.0133n		52
1	W	2y	18 50 23.3		+103.01		0.6215	52
1	W	2x	18 58 3.2	-141.33		9.8008n		52
1	W	2y	19 11 41.1		+ 61.02		0.6194	52
1	W	2x	19 32 58.0	- 89.64		9.2718		52
1	W	2y	19 39 44.3		+ 6.27		0.6198	52
1	W	2x	19 46 54.3	- 68.60		9.7107		52
1	W	2y	19 55 24.9		- 24.35		0.6214	52
5	D	2x	17 44 23.1	- 57.89		0.3411n		53
5	D	2y	17 51 32.1		-255.17		0.6723	53
5	D	2x	17 58 5.2	- 36.48		0.2777n		53
5	D	2y	18 4 14.1		-278.55		0.6689	53
5	W	2x	19 16 50.2	+ 50.99		8.9435n		54
5	W	2y	19 23 24.8		+110.73		0.6595	54
5	W	2x	19 30 8.0	+ 71.40		9.3515		54
5	W	2y	19 36 22.8		+ 86.89		0.6600	54
5	D	2x	19 47 17.7	+ 98.36		9.7969		54
5	D	2y	19 54 0.4		+ 54.54		0.6615	54
5	D	2x	20 0 1.0	+118.61		9.9649		54
5	D	2y	20 7 25.8		+ 29.76		0.6636	54
5	W	2x	20 44 23.3	+188.35		0.2846		54
5	W	2y	20 51 8.4		- 51.60		0.6739	54
5	W	2x	20 57 26.6	+209.01		0.3441		54
5	W	2y	21 4 4.3		- 75.29		0.6779	54
5	D	x	22 22 2.0	+343.74		0.5831		54
5	D	y	22 30 10.8		-235.34		0.7156	54
5	D	x	22 38 58.0	+370.70		0.6126		54
5	D	y	22 47 56.1		-268.62		0.7252	54
5	W	x	23 10 39.2	-412.89		0.6572		55
5	W	2y	23 18 21.0		- 8.99		0.7421	55
5	W	x	23 24 58.2	-388.83		0.6732		55
5	W	2y	23 30 46.6		- 31.76		0.7491	55
8	D	2x	17 34 54.7	- 89.52		0.3669n		56
8	D	2y	17 42 24.8		-252.74		0.6977	56
8	D	2x	17 50 15.8	- 64.81		0.3004n		56

Datum	B		WZ	ξ	η	lg($p_\xi \Delta$)	lg($p_\eta \Delta$)	*
1938 Febr. 8	D	2y	$17^h57^m47^s.8$		-279″42		0.6940	56
8	W	2x	18 9 18.0	- 33″53		0.1975n		56
8	W	y	18 15 56.4		-311.43		0.6905	56
8	W	2x	18 23 0.4	- 11.23		0.1022n		56
8	W	y	18 30 45.7		-337.30		0.6882	56
8	D	2x	21 31 8.7	-132.31		0.4723		57
8	D	2y	21 37 49.2		- 60.52		0.7132	57
8	D	2x	21 45 37.6	-108.54		0.5111		57
8	D	2y	21 51 53.6		- 85.45		0.7186	57
8	W	2x	21 59 30.7	- 85.71		0.5438		57
8	W	2y	22 6 1.9		-110.62		0.7244	57
8	W	2x	22 12 26.5	- 64.01		0.5709		57
8	W	2y	22 18 23.8		-132.39		0.7296	57
8	D	2x	22 26 46.4	- 40.63		0.5975		57
8	D	2y	22 34 4.0		-160.35		0.7366	57
8	D	2x	22 41 49.8	- 15.92		0.6221		57
8	D	2y	22 49 21.0		-187.62		0.7438	57
8	W	2x	23 0 58.8	+ 16.23		0.6490		57
8	W	2y	23 9 7.0		-223.06		0.7533	57
8	W	2x	23 19 16.7	+ 47.12		0.6704		57
8	W	2y	23 28 46.1		-257.50		0.7630	57
11	D	2x	19 7 48.9	+ 84.24		9.1836n		58
11	D	2y	19 14 42.8		- 9.24		0.7078	58
11	D	2x	19 21 20.8	+106.50		9.2181		58
11	D	2y	19 27 40.6		- 30.74		0.7081	58
11	W	2x	19 37 54.5	+134.19		9.7430		58
11	W	2y	19 44 10.9		- 58.26		0.7091	58
11	W	2x	19 52 22.7	+158.20		9.9494		58
11	W	2y	20 0 2.5		- 84.68		0.7107	58
11	D	2x	20 26 32.4	- 96.50		0.2224		59
11	D	2y	20 34 40.2		-144.59		0.7162	59
11	D	2x	20 42 57.2	- 69.13		0.3076		59
11	D	2y	20 49 42.3		-169.72		0.7194	59
11	W	2x	20 58 37.3	- 42.91		0.3740		59
11	W	2y	21 6 8.3		-196.98		0.7235	59
11	W	2x	21 14 29.2	- 16.47		0.4305		59
11	W	2y	21 24 5.4		-227.23		0.7285	59
11	D	2x	22 30 43.7	-167.49		0.6095		60
11	D	2y	22 38 9.8		- 19.05		0.7546	60
11	D	2x	22 45 21.2	-142.56		0.6320		60
11	D	2y	22 52 51.0		- 43.73		0.7607	60
16	W	2x	18 44 14.8	-148.94		9.7690n		61
16	W	2y	18 54 12.3		+279.69		0.7396	61
16	W	2x	19 4 53.9	-113.52		9.0137n		61
16	W	2y	19 15 12.5		+247.94		0.7395	61
16	W	2x	19 28 3.0	- 73.81		9.6438		61
16	W	2y	19 36 53.0		+215.36		0.7403	61
16	W	2x	19 45 42.9	- 43.79		9.9306		61

Datum	B		WZ	ξ	η	lg($p_\xi \Delta$)	lg($p_\eta \Delta$)	*
1938 Febr. 16	W	2y	19h53m 4s7		+190″84		0.7415	61
16	W	2x	21 41 33.9	+154″52		0.5211		61
16	W	2y	21 49 5.0		+ 16.74		0.7628	61
16	W	2x	21 57 37.1	+182.10		0.5573		61
16	W	2y	22 7 37.3		- 11.60		0.7678	61
16	W	2x	22 20 5.3	+220.94		0.6001		61
16	W	2y	22 29 25.0		- 44.32		0.7743	61
16	W	2x	22 39 4.1	+253.98		0.6302		61
16	W	2y	22 49 1.2		- 74.16		0.7806	61
17	W	2x	19 57 45.5	-204.53		0.0618		62
17	W	2y	20 5 55.4		- 21.90		0.7482	62
17	W	2x	20 13 37.0	-177.32		0.1801		62
17	W	2y	20 21 13.5		- 45.08		0.7501	62
17	W	2x	21 36 45.5	- 34.51		0.5116		62
17	W	2y	21 44 11.8		-167.32		0.7660	62
17	W	2x	21 52 35.9	- 7.10		0.5486		62
17	W	2y	22 1 50.2		-193.20		0.7706	62
19	W	2x	18 55 4.3	-122.24		9.4220n		63
19	W	2y	19 3 23.5		+230.54		0.7555	63
19	W	2x	19 13 40.9	- 90.20		9.2380		63
19	W	2y	19 23 32.9		+202.10		0.7557	63
19	W	2x	19 40 17.8	- 44.35		9.9006		63
19	W	2y	19 47 38.4		+168.55		0.7571	63
19	W	2x	19 54 30.2	- 20.12		0.0507		63
19	W	2y	20 1 44.5		+148.70		0.7582	63
19	W	2x	20 38 4.2	+ 55.09		0.3219		63
19	W	2y	20 44 37.0		+ 88.59		0.7633	63
19	W	2x	20 50 51.8	+ 77.42		0.3751		63
19	W	2y	20 58 32.6		+ 68.90		0.7656	63
19	W	2x	21 29 24.2	+144.15		0.4979		63
19	W	2y	21 37 5.2		+ 14.77		0.7731	63
19	W	2x	21 45 11.7	+171.63		0.5366		63
19	W	2y	21 53 2.3		- 7.73		0.7766	63
19	W	2x	22 8 34.8	+212.39		0.5848		63
19	W	2y	22 16 29.0		- 40.89		0.7823	63
19	W	2x	22 24 48.2	+240.58		0.6129		63
19	W	2y	22 33 17.6		- 64.40		0.7867	63
21	W	2x	19 25 17.3	- 47.43		9.6913		64
21	W	2y	19 33 18.3		-212.25		0.7657	64
21	W	2x	19 40 16.2	- 21.31		9.9245		64
21	W	2y	19 47 30.1		-231.67		0.7665	64
23	W	2x	19 1 53.6	+139.23		8.0549n		65
23	W	2y	19 9 58.0		+ 66.27		0.7739	65
23	W	2x	19 16 39.2	+164.48		9.5253		65
23	W	2y	19 23 22.4		+ 49.30		0.7742	65
23	W	2x	19 45 28.9	- 18.01		0.0029		66
23	W	2y	19 52 37.6		- 46.59		0.7755	66
23	W	2x	20 1 17.2	+ 9.04		0.1363		66

Datum		B		WZ	ξ	η	lg($p_\xi \Delta$)	lg($p_\eta \Delta$)	*
1938 Febr.	23	W	2y	$20^h\ 8^m 12^s.2$		- 66″.40		0.7768	66
	23	W	2x	20 24 40.7	+ 49″.74		0.2770		66
	23	W	2y	20 33 0.2		- 97.91		0.7792	66
	23	W	2x	20 39 55.8	+ 76.57		0.3470		66
	23	W	2y	20 47 28.1		-116.62		0.7809	66
	23	W	2x	21 38 50.1	+193.97		0.5311		67
	23	W	2y	21 46 56.7		+156.07		0.7902	67
	23	W	2x	21 56 53.6	+226.12		0.5700		67
	23	W	2y	22 5 56.4		+131.53		0.7938	67
	25	W	2x	19 0 37.2	+ 81.74		7.6945		68
	25	W	2y	19 8 37.7		-117.61		0.7820	68
	25	W	2x	19 17 34.9	+111.21		9.6053		68
	25	W	2y	19 26 4.4		-138.85		0.7823	68
	25	W	2x	20 30 16.4	- 24.83		0.3133		69
	25	W	2y	20 36 21.8		- 41.02		0.7871	69
	25	W	2x	20 41 44.0	- 4.70		0.3624		69
	25	W	2y	20 48 58.6		- 56.46		0.7885	69
	25	W	2x	21 11 30.4	+ 47.60		0.4645		69
	25	W	2y	21 19 9.3		- 93.09		0.7924	69
	25	W	2x	21 26 48.4	+ 74.94		0.5065		69
	25	W	2y	21 34 53.3		-112.21		0.7947	69
	25	W	2x	21 48 55.1	- 8.26		0.5576		70
	25	W	2y	21 58 16.5		- 14.31		0.7986	70
	25	W	2x	22 6 8.7	+ 22.24		0.5911		70
	25	W	2y	22 13 47.0		- 33.06		0.8014	70
März	4	W	2x	18 17 39.4	-130.60		9.9243n		71
	4	W	2y	18 26 57.5		+271.23		0.8057	71
	4	W	2x	18 36 17.0	- 97.99		9.6078n		71
	4	W	2y	18 45 0.0		+252.79		0.8055	71
	4	W	2x	19 7 37.7	-263.01		9.5191		72
	4	W	2y	19 17 51.3		+ 94.89		0.8058	72
	4	W	2x	19 28 43.0	-225.73		9.9153		72
	4	W	2y	19 38 47.0		+ 73.55		0.8063	72
	4	W	2x	20 55 2.3	- 72.81		0.4349		72
	4	W	2y	21 2 25.8		- 12.09		0.8111	72
	4	W	2x	21 10 34.4	- 45.00		0.4815		72
	4	W	2y	21 19 39.3		- 29.46		0.8126	72
	11	W	2x	18 28 34.0	- 74.76		9.6290n		73
	11	W	2y	18 36 56.7		-219.75		0.8234	73
	11	W	2x	18 45 54.5	- 44.05		8.2696n		73
	11	W	2y	18 52 27.6		-233.29		0.8234	73
	11	W	2x	19 21 47.1	+ 20.07		9.9143		73
	11	W	2y	19 29 58.8		-265.55		0.8238	73
	11	W	2x	19 38 6.6	+ 48.96		0.0783		73
	11	W	2y	19 46 38.3		-279.83		0.8240	73
	13	D	2x	18 37 46.7	+173.61		9.2127n		74
	13	D	2y	18 45 10.4		-175.16		0.8277	74
	13	D	2x	18 52 37.2	+200.13		9.2682		74

Datum	B		WZ	ξ	η	$\lg(p_\xi \Delta)$	$\lg(p_\eta \Delta)$	*
1938 März 13	D	2y	$19^h\ 0^m\ 1^s.0$		−187″.24		0.8278	74
13	W	2x	19 10 49.9	+232″.20		9.7867		74
13	W	2y	19 20 33.2		−203.94		0.8279	74
13	W	2x	19 30 59.8	+268.09		0.0333		74
13	W	2y	19 42 29.4		−221.42		0.8282	74
13	D	2x	19 57 32.1	+ 56.94		0.2258		75
13	D	2y	20 5 31.4		+286.77		0.8286	75
13	D	2x	20 14 22.2	+ 86.98		0.3123		75
13	D	2y	20 24 6.7		+271.29		0.8291	75
13	W	2x	20 36 11.9	+125.83		0.4008		75
13	W	2y	20 45 35.4		+253.92		0.8298	75
13	W	2x	20 54 40.5	+158.94		0.4612		75
13	W	2y	21 4 6.8		+238.85		0.8302	75
14	D	2x	18 39 59.3	+ 9.58		8.9449n		76
14	D	2y	18 46 51.1		−286.77		0.8298	76
14	D	2x	19 0 16.5	+ 45.86		9.5890		76
14	D	2y	19 8 4.6		−303.86		0.8298	76
14	W	2x	19 22 24.2	+ 33.75		9.9562		77
14	W	2y	19 29 19.5		+147.53		0.8301	77
14	W	2x	19 37 48.1	+ 61.14		0.0998		77
14	W	2y	19 46 9.0		+134.16		0.8302	77
14	D	2x	20 0 59.5	+102.35		0.2506		77
14	D	2y	20 8 55.8		+116.22		0.8306	77
14	D	2x	20 16 39.5	+130.28		0.3271		77
14	D	2y	20 23 38.4		+104.51		0.8309	77
14	W	2x	20 33 32.6	+160.49		0.3948		77
14	W	2y	20 40 50.8		+ 91.01		0.8314	77
14	W	2x	20 49 44.9	+189.38		0.4492		77
14	W	2y	20 58 35.4		+ 76.90		0.8318	77
15	W	2x	18 30 26.4	−313.51		9.4609n		78
15	W	2y	18 37 51.2		− 88.77		0.8317	78
15	W	2x	18 46 41.4	−284.59		8.9667		78
15	W	2y	18 55 39.8		−102.64		0.8317	78
15	W	2x	19 13 5.7	−237.44		9.8518		78
15	W	2y	19 21 40.2		−123.17		0.8319	78
15	W	2x	19 29 53.8	−207.48		0.0413		78
15	W	2y	19 38 40.7		−136.13		0.8321	78
16	D	2x	18 39 26.3	+122.42		8.7355n		79
16	D	2y	18 47 7.9		− 6.17		0.8336	79
16	D	2x	18 56 23.8	+152.66		9.5363		79
16	D	2y	19 4 53.1		− 19.65		0.8336	79
16	W	2y	19 13 34.2		− 26.08		0.8337	79
16	W	2x	19 21 59.1	+198.20		9.9733		79
16	W	2y	19 30 12.6		− 38.89		0.8338	79
16	W	2x	19 39 16.5	+228.81		0.1262		79
16	D	2x	19 49 23.7	+247.05		0.1948		79
16	D	2y	19 57 37.5		− 59.41		0.8341	79
16	D	2x	20 5 36.0	+275.97		0.2847		79

Datum	B		WZ	ξ	η	$\lg(p_\xi \Delta)$	$\lg(p_\eta \Delta)$	*
1938 März 16	D	2y	$20^h 14^m 6^s.3$		− 71″.81		0.8343	79
19	D	2x	18 24 43.2	+174″.54		9.5180n		80
19	D	2y	18 32 47.2		−112.26		0.8388	80
19	D	2x	18 40 32.1	+202.52		8.6208		80
19	D	2y	18 47 55.6		−122.74		0.8389	80
19	W	2y	18 57 55.3		−129.58		0.8389	80
19	W	2x	19 6 4.2	+247.66		9.8063		80
19	W	2y	19 14 55.7		−141.57		0.8389	80
19	W	2x	19 23 31.2	+278.48		0.0191		80
19	D	2y	19 41 51.8		−220.02		0.8390	81
19	D	2x	19 50 40.4	+ 24.41		0.2206		81
19	D	2y	19 58 37.2		−231.74		0.8391	81
19	D	2x	20 7 18.9	+ 54.02		0.3073		81
19	W	2x	20 18 58.4	+ 74.57		0.3579		81
19	W	2y	20 26 21.6		−251.36		0.8393	81
19	W	2x	20 33 23.8	+100.16		0.4120		81
19	W	2y	20 41 35.4		−261.99		0.8394	81
20	D	2x	18 23 25.0	+ 81.66		9.5272n		82
20	D	2y	18 30 3.2		+ 37.59		0.8406	82
20	D	2x	18 36 29.8	+104.92		8.4707n		82
20	D	2y	18 42 28.2		+ 29.13		0.8406	82
20	W	2y	18 49 30.5		+ 24.32		0.8406	82
20	W	2x	18 55 39.6	+138.92		9.6235		82
20	W	2y	19 2 4.0		+ 15.69		0.8406	82
20	W	2x	19 8 10.3	+161.15		9.8528		82
20	D	2y	19 15 45.3		+ 6.31		0.8407	82
20	D	2x	19 21 57.8	+185.58		0.0138		82
20	D	2y	19 30 27.4		− 3.83		0.8406	82
20	D	2x	19 36 29.6	+211.49		0.1351		82
20	W	2x	19 45 39.2	+227.39		0.1964		82
20	W	2y	19 52 23.6		− 18.63		0.8406	82
20	W	2x	20 0 58.4	+254.74		0.2816		82
20	W	2y	20 7 44.6		− 29.29		0.8407	82
20	D	2x	20 24 0.6	− 63.84		0.3816		83
20	D	2y	20 31 8.4		+122.81		0.8408	83
20	D	2x	20 38 12.6	− 38.40		0.4316		83
20	D	2y	20 45 38.2		+112.85		0.8408	83
21	D	2x	18 13 33.4	+107.74		9.7355n		84
21	D	2y	18 21 16.2		+ 66.70		0.8422	84
21	D	2x	18 28 47.0	+135.15		9.2719n		84
21	D	2y	18 35 31.2		+ 57.10		0.8422	84
21	W	2x	18 44 56.6	+163.37		9.2845		84
21	W	2y	18 50 44.0		+ 47.09		0.8422	84
21	W	2x	18 58 17.2	+187.12		9.7036		84
21	W	2y	19 6 35.2		+ 36.30		0.8422	84
21	D	2x	19 16 51.4	+220.16		9.9720		84
21	D	2y	19 23 56.4		+ 24.75		0.8422	84
21	D	2x	19 30 49.3	+244.88		0.0999		84

Datum	B		WZ	ξ	η	lg(pξΔ)	lg(pηΔ)	*
1938								
März 21	D	2y	19h37m54s8		+ 15″26		0.8421	84
22	D	2x	18 31 8.3	−122″25		9.0338n		85
22	D	2y	18 40 54.6		+287.01		0.8437	85
22	D	2x	18 49 57.4	− 89.16		9.5235		85
22	D	2y	19 0 16.7		+274.63		0.8437	85
22	W	2x	19 14 30.6	− 45.23		9.9574		85
22	W	2y	19 25 33.5		+257.93		0.8437	85
22	W	2x	19 34 50.7	− 9.39		0.1378		85
22	W	2y	19 42 29.9		+246.92		0.8437	85
22	D	2x	19 53 18.5	+ 23.50		0.2523		85
22	D	2y	20 2 37.1		+233.61		0.8436	85
22	D	2x	20 10 41.5	+ 54.30		0.3359		85
22	D	2y	20 18 48.2		+223.16		0.8436	85
22	W	2x	20 28 49.0	+ 86.54		0.4065		85
22	W	2y	20 37 2.4		+211.20		0.8435	85
22	W	2x	20 45 35.1	+116.64		0.4609		85
22	W	2y	20 53 58.4		+200.37		0.8434	85
24	D	2x	19 12 33.2	−224.12		9.9581		86
24	D	2y	19 22 20.3		− 70.34		0.8466	86
24	D	2x	19 31 38.2	−190.28		0.1292		86
24	D	2y	19 40 22.4		− 81.57		0.8465	86
24	W	2x	19 56 23.9	−145.80		0.2789		86
24	W	2y	20 5 54.6		− 97.99		0.8463	86
24	W	2x	20 16 28.8	−110.17		0.3681		86
24	W	2y	20 26 58.5		−111.10		0.8461	86
28	D	2x	18 46 10.4	+114.43		9.5888		87
28	D	2y	18 55 17.2		+176.78		0.8519	87
28	D	2x	19 5 46.0	+148.93		9.9269		87
28	D	2y	19 21 40.0		+161.31		0.8517	87
28	W	2x	19 38 35.8	+207.12		0.2029		87
28	W	2y	19 48 37.5		+146.43		0.8515	87
28	W	2x	19 59 3.3	+243.21		0.3112		87
28	W	2y	20 8 50.6		+134.88		0.8511	87
28	D	2x	20 20 1.3	+280.54		0.3969		87
28	D	2y	20 28 3.6		+123.86		0.8506	87
28	D	2x	20 38 3.0	+312.26		0.4565		87
28	D	2y	20 47 32.8		+112.66		0.8502	87

Verzeichnis der Vergleichsterne

1	8.0	$3^h56^m\ 7^s$	+ 48° 0$'.6$	AGK2 +48°456 bor maj 1′$9^m.0$
2	12.0	3 56 38	+ 48 6.4	Anschl.an AGK2 +48°458 pr maj $3^s12^m.5$
3	12.1	3 58 7	+ 48 20.9	Anschl.an Cat phot 2267.206
4	10.7	4 3 25	+ 49 53.5	Anschl.an Cat phot 1888.129 sehr roter Stern
5	12.1	4 6 9	+ 50 37.4	Cat phot 1888.189
6	9.9	4 5 52	+ 50 36.7	Cat phot 1888.182
7	11.4	4 13 7	+ 52 45.0	Cat phot 2270.107
8	11.1	4 13 5	+ 52 43.7	Cat phot 2270.106
9	11.3	4 13 18	+ 52 49.3	Cat phot 2270.110
10	11.7	4 13 10	+ 52 52.2	Anschl.an Cat phot 2270.110
11	12.2	4 14 2	+ 53 8.4	Anschl.an AGK2 +53°375
12	10.4	4 14 36	+ 53 14.6	Cat phot 2537.259
13	8.4	4 14 45	+ 53 23.7	AGK2 +53°379
14	12.0	4 16 19	+ 53 49.3	Anschl.an Cat phot 2556.78
15	12.4	4 16 31	+ 53 55.1	Anschl.an Cat phot 2556.76
16	11.2	4 18 9	+ 55 0.0	Vat phot 22.22347
17	12.6	4 20 5	+ 55 36.0	Vat phot 22.22472
18	11.8	4 20 24	+ 55 41.2	Vat phot 22.22491
19	9.8	4 19 57	+ 55 42.6	AGK2 +55°390
20	8.0	4 21 0	+ 55 58.4	AGK2 +55°394
21	12.2	4 20 45	+ 55 53.6	Vat phot 22.22566
22	7.9	4 21 17	+ 56 15.9	AGK2 +56°466 med 0$''.5$ $8^m.5$ Dupl. 85°25″
23	11.2	4 22 43	+ 57 13.1	Vat phot 262.25495
24	10.7	4 23 19	+ 60 15.4	Vat phot 617.12939
25	12.1	4 21 44	+ 60 44.3	Vat phot 617.13050
26	12.8	4 22 23	+ 60 53.7	Vat phot 617.13097
27	10.7	4 19 16	+ 61 23.0	Vat phot 706.12912 Dupl. 25″ $12^m.0$
28	9.8	4 16 46	+ 61 50.3	Vat phot 706.12984
29	9.9	4 16 6	+ 61 55.8	Vat phot 706.12996 pr maj $3^s11^m.0$
30	10.0	4 10 23	+ 62 15.0	Vat phot 796.12360
31	12.4	4 9 51	+ 62 12.5	Vat phot 796.12332
32	12.1	4 8 34	+ 62 2.6	Vat phot 796.12290
33	10.7	3 58 27	+ 61 21.6	Vat phot 705.12468 Dupl. 25″ $12^m.0$
34	11.6	3 53 5	+ 60 15.2	Vat phot 615.12062
35	12.6	3 52 41	+ 60 7.0	Vat phot 615.12021
36	12.6	3 52 43	+ 59 57.4	Vat phot 615.11972
37	10.0	3 51 39	+ 59 35.4	Vat phot 615.11894
38	11.6	3 51 32	+ 59 29.6	Vat phot 615.11875
39	12.0	3 50 12	+ 58 58.3	Vat phot 380.23006
40	10.0	3 49 48	+ 58 49.4	Vat phot 380.22983
41	9.1	3 49 2	+ 55 40.6	AGK2 +55°366
42	9.8	3 48 26	+ 55 36.0	Vat phot 19.21282

43	11.3	3 59 36	+ 47 11.1	Anschl.an Hels phot 172.24
44	9.9	4 0 2	+ 47 7.4	Hels phot 172.24
45	10.4	3 59 54	+ 47 2.9	Hels phot 172.25
46	9.2	4 2 46	+ 45 31.5	Hels phot 172.82
47	11.4	4 36 43	+ 32 9.3	Oxf phot 2151.9035
48	12.5	4 44 24	+ 29 36.3	Anschl.an Oxf phot 2490.11921
49	12.2	$4^h58^m15^s$	+ 25°31'.1	Oxf phot 2709.13166
50	9.8	4 58 16	+ 25 27.2	Oxf phot 2709.13153
51	11.7	5 3 8	+ 24 1.0	Par phot 559.139
52	10.0	5 3 39	+ 23 56.6	Par phot 559.143
53	11.2	5 14 43	+ 21 1.5	Par phot 841.40
54	11.4	5 14 46	+ 20 52.6	Anschl.an Par phot 841.40
55	10.9	5 15 45	+ 20 47.3	Par phot 841.47
56	10.8	5 23 22	+ 18 51.8	Par phot 1298.164
57	11.6	5 23 52	+ 18 41.7	Par phot 1298.179
58	10.5	5 32 5	+ 16 41.9	Bord phot 902.81
59	11.1	5 32 26	+ 16 41.9	Bord phot 902.85
60	11.7	5 32 46	+ 16 36.4	Anschl.an Bord phot 902.85
61	9.7	5 46 58	+ 13 27.8	Bord phot 1250.817
62	9.8	5 50 8	+ 12 55.4	Bord phot 1383.212
63	10.0	5 55 48	+ 11 43.8	Bord phot 1548.680 sq a maj
64	10.9	6 1 41	+ 10 44.6	Bord phot 1820.959
65	9.3	6 7 20	+ 9 37.6	AGK2 +9°655
66	11.6	6 7 36	+ 9 38.6	Toul phot +9°46.155
67	9.5	6 7 35	+ 9 32.8	AGK2 +9°657
68	10.5	6 13 19	+ 8 40.8	Toul phot +9°47.550
69	10.8	6 13 37	+ 8 37.8	Toul phot +9°47.570
70	11.0	6 13 45	+ 8 35.7	Toul phot +9°47.575
71	9.2	6 34 11	+ 5 27.2	Toul phot +5°49.411
72	9.3	6 34 26	+ 5 29.2	Toul phot +5°49.424
73	7.8	6 54 52	+ 2 57.3	AGK2 +2°836
74	9.9	7 0 31	+ 2 16.2	Alg phot 2350.566
75	10.5	7 0 49	+ 2 7.4	Alg phot 2350.576
76	10.5	7 3 40	+ 1 58.7	Alg phot 1968.160
77	11.5	7 3 43	+ 1 50.8	Alg phot 1968.164
78	10.7	7 6 57	+ 1 36.5	Alg phot 1969.25
79	10.6	7 9 26	+ 1 16.6	Alg phot 1969.114
80	9.0	7 18 10	+ 0 25.8	AGK2 +0°913
81	10.8	7 18 30	+ 0 26.8	Alg phot 1970.340
82	8.6	7 21 12	+ 0 6.6	AGK2 +0°920
83	11.8	7 21 36	+ 0 3.8	Alg phot 1970.420
84	11.4	7 24 5	- 0 10.1	Anschl.an Alg phot 183.44 sq a maj Dupl. 308°12″12^m.0
85	10.0	7 27 19	- 0 30.0	AGK2 -0°1043
86	11.7	7 33 22	- 0 55.3	Alg phot 1477.850
87	11.9	7 44 38	- 1 56.6	Alg phot 1160.617

Helligkeitsschätzungen und Bemerkungen

Die Zeitangaben sind in Sternzeit Babelsberg gehalten, die Zeichen] und [bedeuten heller bzw. schwächer als das Vergleichsobjekt, D und W kennzeichnen wieder die Beobachter.

1937					
Oktbr.	6/7	3^h15^m	Eros	etwa $11^m.2$ bisher keine Helligkeitsveränderung	D
		5 9	"	offenbar heller geworden	D
	7/8	2 15	"	$0^m.6$] *3	D
	11/12	22 55	"	$11^m.4$	D
	13/14	23 1	"	$11^m.4$	D
		0 52	"	$11^m.6$	D
	19/20	22 20	"	$0^m.2$ [*7	D
		1 5	"	$0^m.1$ - $0^m.2$ [*7	D
		1 13	"	= *9	D
		3 20	"	= *9	D
		5 51	"	$0^m.1$] *9	D
		6 50	"	zeigte während des ganzen Abends keine $0^m.1$ übersteigende Helligkeitsänderung	D
	20/21	22 30	"	$0^m.8$ - $0^m.9$] *11	D
		23 25	"	$0^m.5$] *11	D
		23 45	"	$0^m.2$ - $0^m.3$] *11	D
		0 22	"	$0^m.2$] *11	W
		1 28	"	$0^m.4$] *11	D
		2 28	"	$0^m.3$ - $0^m.4$] *11	W
		3 16	"	$0^m.4$] *11	D
		5 48	"	$0^m.7$ - $0^m.8$] *11	D
			"	$0^m.5$ - $0^m.6$ [*12	D
		7 8	"	$0^m.4$ [*12	D
	22/23	22 46	"	$0^m.5$] *14	D
		23 14	"	$0^m.3$] *14	W
		23 53	"	$0^m.3$] *14	D
		1 46	"	$0^m.4$] *14	D
		2 22	"	$0^m.4$] *14	W
		3 19	"	$0^m.5$] *14	D
		7 50	"	$0^m.3$ - $0^m.4$] *14	W
			"	$0^m.3$ - $0^m.4$] *14	D
	25/26	0 33	"	$10^m.8$ - $10^m.9$	D
	27/28	23 32	"	$10^m.4$	D
	28/29	23 30	"	$0^m.1$] AG Hels 3530	D
		0 41	"	$0^m.1$] AG Hels 3530	W
		2 13	"	$0^m.1$ [AG Hels 3520	W
		2 48	"	Helligkeit unverändert	D
		5 51	"	Helligkeit unverändert	W
		6 45	"	$0^m.2$ [*20	D

1937					
Oktbr.	29/30	$23^h\ 5^m$	Eros	$0^m.3$] Comes C *22	D
		23 33	"	$0^m.3$] Comes C *22	W
		0 7	"	$0^m.4$] Comes C *22	D
		0 34	"	$0^m.3$] Comes C *22	W
		1 40	"	$0^m.4$] Comes C *22	D
		2 30		Planetoid von auffallend braunroter Farbe. Bei 580facher Vergrösserung in Pos.-Winkel 23° - 30° länglich?	D
		2 8	"	$0^m.4$] Comes C *22	W
Novbr.	1/2	22 39	"	$0^m.1$ - $0^m.2$ [Vat phot 262.25493	D
		23 53	"	$0^m.1$ - $0^m.2$ [Vat phot 262.25493	W
		1 12	"	$0^m.2$ - $0^m.3$ [Vat phot 262.25493	D
		1 48	"	$0^m.3$ [Vat phot 262.25493	W
	21/22	23 44	"	$0^m.2$] *28	D
		1 7	"	$0^m.1$ [*28	D
				Für die weiteren Messungen dieses Abends wurde blaue Feldbeleuchtung benutzt.	
		2 40	"	$0^m.2$] *28	D
		7 23	"	$0^m.2$ [*28	D
		9 8	"	$0^m.2$] *28	D
		9 44	"	$0^m.1$ [*28	D
	22/23	22 54	"	= *29	D
		0 2	"	$0^m.2$] *29	D
		1 34	"	$0^m.1$ - $0^m.2$]*29	D
				Auffällig ist wieder das nichtsternartige Aussehen sowie die fahle Farbe des Planetoiden. Eine Prüfung auf Länglichkeit ergibt kein einwandfreies Resultat und lässt eine solche höchstens im ungefähren Positionswinkel 39° vermuten.	D
		6 19	"	$0^m.1$ - $0^m.2$ [*29	D
		8 26	"	$0^m.1$] *29	D
		9 44	"	= *29	D
	28/29	23 5		Farbe von Eros nicht so rötlich wie sonst	D
Dezbr.	13/14	23 21	"	$0^m.2$] *37	D
		23 51	"	$0^m.2$ - $0^m.3$] *37	W
		0 48	"	$0^m.3$] *37	W
		1 47	"	$0^m.3$] *37	D
	15/16	1 45		Bei 580facher Vergrösserung ergibt die Prüfung auf Länglichkeit mit grösserer Wahrscheinlichkeit als früher eine solche im Pos.-Winkel 35°.5 / 49°.6	D / W
1938					
Febr.	16/17	5 25	"	$10^m.5$, im Laufe des Abends schwächer werdend	W
	19/20	8 50		Planetoid deutlich heller als zu Beginn des Abends	W
März	24/25	8 14		Helligkeit von Eros nimmt plötzlich stark ab, in etwa 3^m um mehr als $0^m.5$!	D
	ab	8 50		während der Messungen von W blaue Feldbeleuchtung benutzt.	

Anhang

Die Mikrometermessungen der Erosopposition 1930/31

Auf den folgenden Seiten mögen die Ergebnisse der Mikrometermessungen mitgeteilt werden, die im Zuge der internationalen Kampagne während der Erosopposition 1930/31 am 65 cm-Refraktor erhalten worden sind. Als Beobachter war G. STRUVE (S) tätig, anfänglich noch in Zusammenarbeit mit G. SCHNEIDER (Sch), der jedoch schon nach wenigen Wochen mit Aufgaben im Rahmen der damals im Gange befindlichen ersten Wiederholung des Zonenunternehmens der Astronomischen Gesellschaft betraut werden mußte, zudem ein paar Jahre später nach München übersiedelte. An seine Stelle trat G. SIMONOW als Pultbeobachter. Nachdem STRUVE anfangs 1933 verstorben war, blieben die Beobachtungen unausgewertet liegen, von wenigen und nur der Überprüfung der Erosephemeride durch STRUVE selbst dienenden Ausnahmen abgesehen, bis der Unterzeichnete auf Wunsch von Fachgenossen nach Abschluß anderer Vorhaben sich des STRUVEschen Erosnachlasses annahm und die Bearbeitung der Reihe nach eigenen Gesichtspunkten durchführte. Dabei war beabsichtigt, und dies ist auch in den Jahresberichten der Sternwarte zum Ausdruck gekommen, eine Veröffentlichung der Auswertung und ihrer Unterlagen in extenso nicht unmittelbar nach deren Abschluß vorzunehmen, sondern sie bis zum Vorliegen von Gleichem anläßlich der in Aussicht genommenen Reihe 1937/38 zurückzustellen. Wohl aber wurden die gewonnenen Ergebnisse der Babelsberger Beobachtungen sofort nach Abschluß der Rechenarbeiten SPENCER JONES als dem Vorsitzenden der IAU-Kommission für Sonnenparallaxe in listenmäßiger Form zugeleitet, und gerade diese Maßnahme sollte sich als ein besonderer Glücksumstand erweisen. Denn den Zeitverhältnissen des Zusammenbruchs nach dem Kriege sind auf der Sternwarte auch die Rechenunterlagen des Unterzeichneten zur STRUVEschen Reihe restlos zum Opfer gefallen, und die nachfolgenden Seiten sind nur dadurch möglich geworden, daß die genannte listenmäßige Zusammenstellung auf Bitte wieder aus Greenwich-Herstmonceux zurückerhalten werden konnte. Man wolle daher in dem Geschilderten den Grund sehen, daß die Ergebnisse der damaligen Reihe nur in der Form eines Anhangs zu der vorliegenden Veröffentlichung gegeben werden können, daß hingegen die ursprünglich geplant gewesene ausführliche Darstellung der eigentlichen Beobachtungsgegebenheiten und -umstände, wie Schraubenwertsermittlung, Parallelbestimmung usw., oder auch Angaben über die Benutzung von Filtern entfallen müssen. Dergleichen ist nicht mehr auffindbar gewesen.

Rekonstruierbar bleibt aus ein paar Rechenzetteln und Notizen von STRUVES Hand allein — auch eine vorläufige Mitteilung in AN 241.333 ff. bestätigt es —, daß er die Bearbeitung eines vollständigen Messungssatzes der rechtwinkligen Koordinaten in der gleichen Form vorzunehmen beabsichtigte, wie es im allgemeinen bei Positionswinkel und Distanz üblich ist. Gleichwie in letzterem Falle der Positionswinkel für das Zeitmittel der Distanzpointierungen aus den beiden die Distanzeinstellungen umschließenden Positionswinkelgruppen errechnet wird, war STRUVE in den Fällen eigener Auswertung bestrebt, die x- und die y-Koordinate gemeinsam für das Zeitmittel derjenigen Koordinate zu erhalten, deren Messungsgruppe von den beiden Messungsgruppen der anderen Koordinate umschlossen war. Dabei pflegte zu Anfang der Reihe der Messung der x-Koordinate eine solche der y- und sodann wieder der x-Koordinate zu folgen — da 1930/31 nur Einfachdistanzen gemessen wurden, immer begleitet von der zugehörigen Koinzidenz —, wohingegen in den Tagen des Steilabfalls der scheinbaren Erosbahn zwei y-Gruppen zusammen mit der durch sie eingeschlossenen x-Gruppe den vollständigen Messungssatz bildeten. Gerade die in der eben genannten Folgeänderung zum Ausdruck kommende Rücksichtnahme auf korrespondierende Beobachtungen an Sternwarten der Südhemisphäre — das Hauptgewicht der Zusammenarbeit während der Opposition 1930/31 lag ja in korrespondierenden Deklinationsanschlüssen — ließ es dem Unterzeichneten geraten erscheinen, in bewußtem Abgehen von dem STRUVEschen Weg der Auswertung jede Koordinatengruppe gesondert für sich zu behandeln. Dies bedeutete zwar eine beträchtliche Vermehrung der Reduktionsarbeit, erschien aber im Hinblick auf das Endziel der Sonnenparallaxenbestimmung von großem Vorteil. Allerdings mußte dabei der Nachteil in Kauf genommen werden, daß die zur Reduktion der in zwei Gruppen gemessenen Koordinate erforderliche Kenntnis der anderen und nur in einer Gruppe gemessenen für das Zeitmittel jeder der

Datum	B	WZ	$\alpha_{Pl} - \alpha_*$	$\delta_{Pl} - \delta_*$	lg $(p_\alpha \Delta)$	lg $(p_\delta \Delta)$	*
1930 Aug. 26	S	$0^h55^m30^s.7$	$-0^m22^s.327$	$-18'26''.50$	9.5392 n	0.5891	P 1361
27	S	23 44 18.6	−0 55.017	− 5 45.30	9.6142 n	0.6652	P 1395
29	S	23 22 20.4	−0 0.159	+ 5 44.96	9.6292 n	0.6835	P 1423
Sept. 3	S	1 6 34.8	+0 3.957	+11 10.35	9.5196 n	0.5298	P 1492
4	S	0 22 36.4	−0 29.254	+ 8 2.71	9.5828 n	0.5840	G 2142
14	Sch	23 41 5.3	+1 32.214	+ 8 34.76	9.6322 n	0.5918	C 1
18	S	0 18 54.9	+0 38.859	+ 7 7.81	9.5950 n	0.5159	C 2
25	S	0 6 26.8	−0 23.858	+ 3 26.64	9.6161 n	0.5021	C 3
29	S	23 41 44.6	−0 24.766	− 1 54.93	9.6475 n	0.5256	C 4
30	Sch	0 6 40.4	−0 21.172	− 1 40.66	9.6206 n	0.4775	C 4
Okt. 1	S	23 20 46.3	−0 31.309	+ 5 43.71	9.6675 n	0.5571	3324
2	S	1 2 13.2	−0 16.714	+ 6 38.26	9.5337 n	0.3507	3324
2	Sch	1 45 30.5	−0 10.466	+ 7 1.08	9.4267 n	0.2576	3324
2	S	3 2 57.9	−0 35.109	+ 4 33.36	9.0486 n	0.1212	3330
2	Sch	3 46 20.4	+0 17.923	− 2 18.49	8.2575 n	0.0896	3323
2	S	23 27 32.2	−0 34.514	+ 4 30.32	9.6634 n	0.5408	3364
3	S	1 16 35.0	−0 18.702	+ 5 27.95	9.5033 n	0.3127	3364
3	Sch	1 57 54.4	−0 12.762	+ 5 49.22	9.3873 n	0.2233	3364
3	S	2 57 41.7	−0 13.579	− 2 54.04	9.0883 n	0.1176	K 12
4	S	0 29 30.6	−0 31.624	− 1 21.77	9.5931 n	0.4105	3391
4	S	2 44 29.2	−0 11.930	− 0 12.84	9.1763 n	0.1264	3391
10	S	23 53 41.5	−0 37.146	− 0 42.13	9.6470 n	0.4592	K 50
11	Sch	0 42 32.3	−0 29.711	− 0 21.51	9.5778 n	0.3462	K 50
11	S	1 14 50.5	−0 24.738	− 0 7.55	9.5127 n	0.2662	K 50
11	Sch	1 44 44.3	−0 20.268	+ 0 5.30	9.4328 n	0.1912	K 50
11	S	2 12 30.3	−0 16.003	+ 0 16.62	9.3345 n	0.1240	K 50
13	S	23 38 21.1	−0 29.377	+ 0 22.53	9.6659 n	0.4833	2725
14	S	0 26 30.2	−0 21.920	+ 0 41.54	9.6068 n	0.3723	2725
14	Sch	0 59 24.5	−0 16.773	+ 0 54.09	9.5486 n	0.2895	2725
17	S	0 9 36.6	−0 18.007	− 0 57.39	9.6334 n	0.4031	2776
17	S	0 49 7.4	−0 11.808	− 0 44.07	9.5710 n	0.3034	2776
17	S	4 10 52.6	+0 19.783	+ 0 20.76	8.6623	9.9328	2776
1931 März 17	S	20 50 30.9	+0 3.649	+ 6 57.94	8.3573 n	0.9348	K 426
17	Sch	21 23 32.3	+0 3.597	+ 6 58.83	8.5448	0.9345	K 426
17	S	21 50 23.0	+0 3.545	+ 6 58.45	8.9116	0.9325	K 426
18	S	21 54 33.2	+0 12.400	+ 7 21.16	8.9784	0.9316	K 426
20	S	22 9 35.6	+0 9.847	− 6 29.94	9.1231	0.9281	1765
28	S	20 4 28.3	−0 0.101	+ 1 1.68	8.5578 n	0.9337	1678

beiden umgebenden Gruppen graphisch extrapoliert werden mußte. Die hierin liegende Unsicherheit war, wie in Abschnitt II. ausgeführt wurde, für den Unterzeichneten dann die Veranlassung, in der eigenen Reihe 1937/38 von der durch STRUVE auch bei Messung rechtwinkliger Koordinaten beibehaltenen Gepflogenheit des Dreiersatzes zum Messungsvierersatz überzugehen, dessen zwei sich jeweils abwechselnde x- und y-Gruppen die Sicherheit rechnerischer Inter- und Extrapolation verbürgten.

Die unten folgende Zusammenstellung der Messungsresultate erfolgt, wie es auch für ihre Berechnung galt, in der gleichen differentiellen Form und mittels derselben Beziehungen wie im Hauptteil der Veröffentlichung. Die Vergleichsterne sind nach der Bezifferung in H. SPENCER JONES and P. J. MELOTTE, Catalogue of secondary reference stars (Memoirs of the Royal Astronomical Society, Vol. LXV, part IV) aufgeführt; gelegentlich benutzte Anhaltsterne I. Ordnung tragen die Nummer des Generalkatalogs dieser Sterne von A. KOPFF (AN 241.345 ff. und AN 244.385 ff.) und sind durch ein vorgesetztes K gekennzeichnet.

Allein zur Kontrolle der Ephemeride von G. WITT (Astronomische Abhandlungen, Bd. 9, Nr. 1) sind außerhalb der Parallaxenreihe von den Beobachtern einige Positionswinkel- und Distanzanschlüsse erhalten und vom Unterzeichneten in der üblichen Form zur Gewinnung von Rektaszensions- und Deklinationsdifferenzen reduziert worden. Die Vergleichsterne der auf der Seite 75 stehenden Zusammenstellung sind in der gleichen Weise beziffert wie in der Hauptreihe; nur für die zehn vor dem Beginn der WITTschen Ephemeride liegenden Anschlüsse der Monate August und September 1930 sind die Kataloge (P) von R. PRAGER, Katalog von 8803 Sternen (Veröffentlichungen der Universitätssternwarte zu Berlin-Babelsberg, Bd. IV) und (G) von W. GYLLENBERG, Katalog von 11800 Sternen (Verlag Scientia, Lund) herangezogen sowie endlich ad hoc von L. COURVOISIER (C) bestimmte Örter benutzt worden. Die durch COURVOISIER in strengem Anschluß an den FK 3 aus je zwei abendlichen Beobachtungen am TOEPFERschen Meridiankreis der Sternwarte erhaltenen Positionen lauten für Äquinox 1930.0 und Epoche 1932.16:

C 1	$8\overset{m}{.}6$	$4^h29^m18\overset{s}{.}368$	$+39°57'\ 4\overset{''}{.}62$	BD $+39°1025$
C 2	9.4	4 39 42.424	+40 45 54.23	40 1033
C 3	9.8	5 3 32.057	+42 32 56.95	42 1178
C 4	8.7	5 20 29.185	+43 45 43.96	43 1264

Zum Schluß ist es dem Verfasser eine liebe Pflicht, Frau Ch. BÖRNER für die Niederschrift des Manuskripts sowie für die Anfertigung der Offsetdruckvorlagen zu danken.

Potsdam-Babelsberg, im September 1960

Datum	B		WZ	ξ	η	lg($p_\xi\Delta$)	lg($p_\eta\Delta$)	*
1930 Oktbr. 1	S	x	$23^h54^m53^s.4$	− 285″.34		0.6689n		3324
2	S	y	0 12 0.9		+ 371″.28		0.4572	3324
	S	x	0 22 45.1	− 241.34		0.6339n		3324
3	S	x	0 12 36.8	− 300.59		0.6470n		3364
	S	y	0 23 16.3		+ 300.21		0.4289	3364
	S	x	0 32 54.4	− 268.56		0.6178n		3364
	Sch	x	3 20 23.8	− 111.15		9.8979n		K 12
	Sch	y	3 28 46.0		− 157.92		0.0860	K 12
	Sch	x	3 37 8.6	− 84.89		9.6021n		K 12
	S	x	3 52 45.2	− 60.60		8.5337n		K 12
	S	y	4 4 21.4		− 140.24		0.0787	K 12
	S	x	4 13 56.7	− 28.36		9.6652		K 12
14	S	x	1 26 13.4	− 130.92		0.5026n		2725
	S	y	1 34 26.2		+ 66.70		0.1978	2725
	S	x	1 42 35.4	− 105.03		0.4568n		2725
	S	x	2 44 6.9	− 6.18		0.1908n		2725
	S	y	2 51 54.2		+ 95.75		0.0142	2725
	S	x	2 59 15.9	+ 17.60		0.0820n		2725
	Sch	x	3 12 53.2	− 104.75		9.9514n		2727
	Sch	y	3 20 40.8		+ 119.88		9.9720	2727
	Sch	x	3 28 40.1	− 79.08		9.7216n		2727
	S	x	3 36 29.5	− 66.46		9.5360n		2727
	S	y	3 45 7.6		+ 128.80		9.9566	2727
	S	x	3 56 23.4	− 35.15		9.0924		2727
	S	x	23 43 26.6	+ 104.37		0.6764n		2737
	S	y	23 51 41.2		+ 60.22		0.4510	2737
	S	x	23 58 25.3	+ 128.65		0.6600n		2737
15	Sch	x	0 14 10.3	+ 154.22		0.6400n		2737
	Sch	y	0 20 54.1		+ 70.67		0.3823	2737
	Sch	x	0 27 28.9	+ 175.54		0.6207n		2737
	S	x	0 50 51.3	− 44.43		0.5807n		2741
	S	y	0 57 3.2		+ 35.91		0.2910	2741
	S	x	1 2 51.1	− 25.28		0.5567n		2741
	Sch	y	1 18 24.2		+ 43.92		0.2346	2741
	Sch	x	1 23 40.8	+ 8.68		0.5086n		2741
	Sch	y	1 33 20.8		+ 48.95		0.1950	2741
	S	x	1 58 21.0	+ 64.08		0.4048n		2741
	S	y	2 4 56.9		+ 60.55		0.1118	2741
	S	x	2 13 20.9	+ 87.96		0.3472n		2741
17	S	x	1 27 37.8	− 59.07		0.4976n		2776
	S	y	1 35 29.4		− 28.53		0.1777	2776
	S	x	1 44 15.4	− 32.24		0.4503n		2776
	S	x	2 28 50.4	+ 39.59		0.2746n		2776
	S	y	2 36 10.5		− 8.75		0.0202	2776
	S	x	2 44 5.3	+ 63.85		0.1882n		2776
	S	y	2 56 4.4		− 2.35		9.9794	2776
	S	x	3 26 59.7	+ 132.88		9.7452n		2776

Datum	B		WZ	ξ	η	lg($p_\xi \Delta$)	lg($p_\eta \Delta$)	*
1930 Oktbr. 17	S	y	$3^h35^m42^s.7$		+ 10".08		9.9292	2776
	S	x	3 44 3.7	+ 160".06		9.1943n		2776
	S	x	23 37 54.1	- 141.97		0.6817n		2791
	S	y	23 47 18.2		+ 138.69		0.4529	2791
	S	x	23 59 30.8	- 106.85		0.6585n		2791
18	Sch	x	0 14 31.3	- 82.92		0.6393n		2791
	Sch	y	0 22 27.7		+ 149.97		0.3685	2791
	Sch	x	0 30 33.0	- 56.80		0.6155n		2791
	S	x	0 42 53.4	- 36.55		0.5948n		2791
	S	y	0 50 7.5		+ 158.80		0.2968	2791
	S	x	0 59 55.1	- 9.27		0.5624n		2791
	S	x	1 33 38.1	+ 45.45		0.4816n		2791
	S	y	1 40 46.1		+ 174.78		0.1578	2791
	S	x	1 47 20.9	+ 67.33		0.4408n		2791
	Sch	x	1 58 9.7	+ 85.10		0.4045n		2791
	Sch	y	2 6 33.8		+ 182.79		0.0870	2791
	Sch	x	2 15 39.0	+ 113.22		0.3362n		2791
	S	y	2 36 29.1		+ 192.04		0.0116	2791
	S	x	2 47 39.2	+ 164.83		0.1648n		2791
	S	y	3 2 53.0		+ 199.96		9.9581	2791
24	S	x	1 6 22.1	- 166.49		0.5478n		2154
	S	y	1 15 58.3		+ 63.92		0.2040	2154
	S	x	1 26 13.5	- 134.34		0.5004n		2154
	Sch	x	1 38 43.7	- 113.56		0.4659n		2154
	Sch	y	1 45 26.2		+ 69.94		0.1165	2154
	Sch	x	1 51 46.5	- 92.54		0.4252n		2154
	S	x	2 5 3.4	- 71.16		0.3777n		2154
	S	y	2 12 45.7		+ 75.76		0.0364	2154
	S	x	2 21 49.3	- 43.66		0.3069n		2154
Novbr. 1	S	x	0 8 36.7	+ 38.32		0.6471n		2339
	S	y	0 17 31.4		+ 205.60		0.3577	2339
	S	x	0 27 34.1	+ 69.31		0.6200n		2339
	Sch	x	0 50 24.2	+ 106.68		0.5808n		2339
	Sch	y	0 57 54.7		+ 207.79		0.2444	2339
	Sch	x	1 7 2.7	+ 133.88		0.5469n		2339
	S	x	1 19 26.6	+ 154.44		0.5182n		2339
	S	y	1 27 41.0		+ 209.18		0.1545	2339
	S	x	1 39 33.2	+ 187.44		0.4641n		2339
	S	y	2 9 18.5		- 60.31		0.0256	2344
	S	x	2 16 51.0	- 169.24		0.3295n		2344
	S	x	3 24 10.7	- 192.24		9.7887n		K138
	S	y	3 34 18.6		- 6.41		9.8381	K138
	S	x	3 45 38.4	- 157.54		9.0499n		K138
5	S	x	22 55 6.5	- 16.15		0.7133n		2454
	S	y	23 3 29.9		- 6.81		0.5343	2454
	S	x	23 14 2.0	+ 15.06		0.7013n		2454
	S	x	23 36 27.8	+ 52.14		0.6827n		2454

Datum	B		WZ	ξ	η	lg($p_\xi \Delta$)	lg($p_\eta \Delta$)	*
1930 Novbr. 5	S	y	23ʰ42ᵐ38ˢ9		- 9″31		0.4468	2454
6	S	x	23 4 23.5	- 79″75		0.7082n		2485
	S	y	23 11 49.8		+ 112.72		0.5172	2485
	S	x	23 21 4.3	- 52.51		0.6963n		2485
	S	x	23 36 57.3	- 26.05		0.6825n		2485
	S	y	23 44 2.8		+ 110.42		0.4441	2485
	S	x	23 53 46.7	+ 1.25		0.6650n		2485
7	S	x	0 14 16.7	+ 34.64		0.6394n		2485
	S	y	0 20 47.8		+ 107.51		0.3515	2485
	S	x	0 29 15.4	+ 59.00		0.6173n		2485
	Sch	x	0 39 40.3	+ 76.29		0.6002n		2485
	Sch	y	0 46 55.1		+ 105.03		0.2795	2485
	Sch	x	0 57 6.8	+ 104.48		0.5677n		2485
	S	x	1 10 47.1	+ 126.84		0.5386n		2485
	S	y	1 17 2.0		+ 102.55		0.1910	2485
	S	x	1 25 18.0	+ 150.04		0.5035n		2485
	Sch	x	1 41 22.6	+ 176.44		0.4588n		2485
	Sch	y	1 47 58.2		+ 99.83		0.0965	2485
	Sch	x	1 55 15.4	+ 198.51		0.4142n		2485
	S	x	2 3 10.3	+ 211.78		0.3857n		2485
	S	y	2 13 33.1		+ 97.37		0.0191	2485
	S	x	2 25 3.9	+ 247.24		0.2926n		2485
15	S	x	0 8 10.7	+ 208.51		0.6469n		2660
	S	y	0 18 20.8		+ 64.38		0.3726	2660
	S	x	0 30 21.0	+ 243.56		0.6149n		2660
	S	x	0 55 0.2	+ 352.32		0.5710n		2658
	S	y	1 9 7.5		+ 41.84		0.2372	2658
	S	x	1 23 40.8	+ 398.36		0.5065n		2658
16	S	x	23 27 6.3	- 69.47		0.6901n		2941
	S	y	23 45 3.4		- 189.78		0.4572	2941
30	S	x	22 24 27.0	+ 195.06		0.7244n		3644
	S	y	22 39 0.4		+ 180.12		0.6168	3644
	S	x	23 48 35.4	+ 277.82		0.6637n		3645
Dezbr. 1	S	x	0 11 26.6	+ 309.78		0.6344n		3645
	S	y	0 25 14.5		+ 261.65		0.4182	3645
	S	x	0 38 47.5	+ 348.36		0.5903n		3645
	Sch	x	1 7 32.7	+ 388.95		0.5310n		3645
2	S	x	22 47 38.3	- 83.57		0.7126n		3675
	S	y	22 58 13.0		- 197.33		0.5891	3675
	S	x	23 10 32.6	- 51.54		0.6975n		3675
	Sch	x	23 26 23.2	- 29.44		0.6841n		3675
	Sch	y	23 36 43.7		- 227.89		0.5210	3675
	Sch	x	23 47 14.2	- 0.33		0.6624n		3675
3	S	x	0 0 31.6	+ 18.17		0.6461n		3675
	S	y	0 11 50.9		- 255.71		0.4546	3675
	S	x	0 27 0.1	+ 54.55		0.6070n		3675
	S	x	1 43 1.8	- 285.41		0.4274n		3691

Datum	B		WZ	ξ	η	lg($p_\xi \Delta$)	lg($p_\eta \Delta$)	*
1930 Dezbr. 3	S	y	1h53m11s.4		− 44″.23		0.2594	3691
	S	x	2 6 50.9	− 253″.30		0.3377n		3691
	S	x	2 59 14.6	− 182.34		0.0016n		3691
	S	y	3 11 52.7		− 108.70		0.1595	3691
	S	x	3 24 3.2	− 148.61		9.6301n		3691
	S	x	3 41 2.8	− 125.45		8.4489n		3691
	S	y	3 49 54.4		− 140.26		0.1509	3691
	S	x	3 58 42.6	− 101.52		9.5868		3691
16	S	x	21 44 46.2	− 273.85		0.7292n		4026
	S	y	22 3 47.2		− 66.41		0.6990	4026
	S	x	22 20 20.2	− 233.56		0.7181n		4026
22	S	x	22 17 6.6	− 140.36		0.7140n		4180
	S	y	22 32 27.0		− 177.97		0.6802	4180
	S	x	22 49 28.2	− 110.64		0.6917n		4180
	S	x	23 23 47.4	− 17.08		0.6574n		4179
	S	y	23 35 18.8		+ 210.14		0.6094	4179
	S	x	23 49 20.4	+ 5.76		0.6225n		4179
23	S	x	0 15 29.7	+ 28.94		0.5775n		4179
	S	y	0 24 59.3		+ 133.48		0.5550	4179
	S	x	0 35 10.6	+ 46.41		0.5361n		4179
	Sch	y	0 50 39.6		+ 93.13		0.5292	4179
	Sch	x	0 59 17.3	+ 67.79		0.4744n		4179
	Sch	y	1 6 57.1		+ 67.84		0.5140	4179
	S	y	1 21 37.8		+ 45.14		0.5012	4179
	S	x	1 30 24.9	+ 94.76		0.3703n		4179
	S	y	1 39 11.9		+ 17.58		0.4876	4179
	S	y	2 23 47.4		− 52.30		0.4620	4179
	S	x	2 41 24.3	+ 156.27		9.8780n		4179
	S	y	2 53 33.8		− 98.97		0.4533	4179
	Sch	y	3 10 4.0		− 125.55		0.4518	4179
	Sch	x	3 20 7.7	+ 189.80		9.1838		4179
	Sch	y	3 35 19.6		− 165.64		0.4540	4179
	S	y	4 6 45.0		− 28.38		0.4642	4181
	S	x	4 16 45.9	− 90.35		0.1660		4181
	S	y	4 29 55.5		− 65.73		0.4768	4181
1931 Januar 6	S	y	2 55 46.9		+ 420.32		0.6369	K401
	S	x	3 16 13.0	+ 418.76		9.9687		K401
9	S	y	0 30 39.6		+ 175.01		0.6913	4769
	S	x	0 42 24.7	+ 22.82		0.3742n		4769
	S	y	0 55 27.3		+ 116.82		0.6838	4769
	S	y	1 19 28.6		+ 59.28		0.6780	4769
	S	x	1 29 33.0	+ 31.22		0.1229n		4769
	S	y	1 40 19.0		+ 9.57		0.6744	4769
	S	y	2 6 35.2		+ 56.17		0.6718	K409
	S	x	2 18 12.0	+ 269.88		9.2918n		K409
	S	y	2 28 54.0		+ 2.21		0.6713	K409

Datum	B		WZ	ξ	η	lg($p_\xi \Delta$)	lg($p_\eta \Delta$)	*
1931 Januar 10	S	y	23h31m31s2		+ 122″36		0.7289	4816
	S	x	23 48 46.4	- 241″19		0.5180n		4816
11	S	y	0 7 22.0		+ 34.02		0.7160	4816
	S	y	0 37 39.3		- 40.17		0.7071	4816
	S	x	0 54 7.1	- 236.09		0.2927n		4816
	S	y	1 10 51.3		- 122.15		0.6997	4816
	S	y	1 44 54.5		- 206.86		0.6952	4816
	S	y	1 57 12.6		- 237.48		0.6943	4816
	S	y	2 26 12.6		- 309.41		0.6939	4816
	S	x	2 42 37.3	- 228.68		9.7358		4816
	S	y	2 59 38.9		- 392.41		0.6963	4816
	S	y	3 42 1.9		+ 276.69		0.7038	4862-3
	S	x	3 55 27.7	- 183.71		0.3415		4862-3
	S	y	4 12 1.5		+ 201.83		0.7115	4862-3
15	S	y	0 13 19.3		- 22.55		0.7472	K767
	S	x	0 29 25.7	- 199.51		0.3364n		K767
20	S	y	22 30 55.7		+ 227.72		0.8064	K747
	S	x	22 45 3.9	- 286.78		0.5698n		K747
	S	y	23 0 41.7		+ 145.29		0.8022	K747
	S	y	23 23 1.2		+ 83.22		0.7995	K747
	S	x	23 33 15.1	- 307.66		0.4495n		K747
	S	y	23 46 17.8		+ 19.14		0.7972	K747
21	S	y	0 15 23.7		- 62.44		0.7948	K747
	S	x	0 26 24.1	- 330.63		0.2259n		K747
	S	y	0 38 16.2		- 126.22		0.7933	K747
	S	y	1 0 50.9		- 189.19		0.7925	K747
	S	x	1 11 36.9	- 350.90		9.8091n		K747
	S	y	1 28 56.8		- 267.88		0.7919	K747
	S	x	22 25 53.2	+ 36.24		0.5972n		5381
	S	y	22 37 4.8		- 174.63		0.8110	5381
	S	x	22 51 17.4	+ 24.28		0.5473n		5381
	S	y	23 13 57.1		- 278.27		0.8070	5381
	S	y	23 25 25.3		- 310.22		0.8060	5381
	S	x	23 46 38.9	- 2.68		0.3887n		5381
22	S	x	0 39 21.5	- 107.99		0.1098n		5383
	S	y	0 47 33.9		- 34.28		0.8009	5383
	S	x	0 59 10.4	- 117.92		9.9191n		5383
	S	y	1 20 40.4		+ 195.97		0.8003	5380
	S	y	1 29 22.5		+ 171.38		0.8003	5380
	S	y	2 10 10.7		+ 57.46		0.8010	5380
	S	x	2 18 17.8	- 50.00		0.0102		5380
	S	y	2 27 57.7		+ 7.35		0.8017	5380
	S	y	2 40 16.4		- 27.23		0.8023	5380
	S	x	2 49 50.5	- 65.56		0.2408		5380
	S	y	3 2 35.4		- 90.30		0.8037	5380
30	S	x	21 54 15.8	- 497.71		0.5755n		256
	S	x	22 6 3.6	- 507.40		0.5513n		256

Datum	B		WZ	ξ	η	lg($p_\xi\Delta$)	lg($p_\eta\Delta$)	*
1931 Januar 30	S	y	22ʰ30ᵐ13ˢ9		- 71″64		0.8576	256
	S	x	22 49 47.2	- 544″24		0.4355n		256
	S	y	23 10 9.7		- 179.58		0.8596	256
	S	y	23 47 57.2		- 281.84		0.8609	256
31	S	y	0 7 8.4		- 333.57		0.8615	256
	S	y	0 39 35.4		- 58.84		0.8619	238
	S	x	0 56 32.9	+ 692.93		9.1076		238
	S	y	1 11 34.5		- 144.36		0.8619	238
Februar 9	S	y	22 30 41.8		+ 104.13		0.8982	K576
	S	y	22 44 1.2		+ 75.05		0.8997	K576
	S	y	23 7 30.0		+ 24.74		0.9016	K576
	S	x	23 19 4.1	- 178.47		9.9624n		K576
	S	y	23 32 14.9		- 28.37		0.9028	K576
	S	y	23 48 35.5		- 63.57		0.9033	K576
	S	x	23 58 5.1	- 219.51		7.3001n		K576
10	S	y	0 12 37.7		- 114.68		0.9033	K576
	S	y	0 47 19.6		- 189.09		0.9019	K576
	S	x	0 59 24.3	- 283.89		0.1542		K576
	S	y	1 13 41.3		- 244.66		0.8998	K576
	S	x	1 30 18.9	- 316.08		0.3251		K576
	S	x	1 44 37.8	- 331.07		0.3838		K576
11	S	y	22 27 58.1		+ 8.52		0.9041	K560
	S	x	22 36 2.8	+ 111.00		0.2180n		K560
	S	y	22 46 47.3		- 29.21		0.9060	K560
	S	y	23 1 15.7		- 58.21		0.9072	K560
	S	x	23 9 11.5	+ 76.54		9.9512n		K560
	S	y	23 19 45.8		- 94.69		0.9082	K560
	S	y	23 35 56.6		- 127.64		0.9087	K560
	S	x	23 44 7.3	+ 40.11		8.8730n		K560
	S	y	23 56 14.1		- 167.62		0.9088	K560
12	S	y	0 16 1.0		- 207.33		0.9082	K560
	S	x	0 30 2.0	- 8.28		0.0008		K560
	S	y	0 42 17.1		- 259.67		0.9067	K560
	S	y	1 8 40.8		- 311.43		0.9041	K560
	S	x	1 20 10.9	- 60.79		0.3285		K560
13	S	y	0 14 10.7		- 138.44		0.9104	1103
	S	x	0 24 59.4	- 75.44		0.0048		1103
	S	y	0 46 0.6		- 198.74		0.9083	1103
	S	y	1 6 21.1		- 238.20		0.9060	1103
	S	x	1 19 43.6	- 131.95		0.3498		1103
	S	x	1 33 38.6	- 146.50		0.4035		1103
23	S	y	21 28 39.3		- 37.32		0.9222	1330
	S	x	21 40 27.7	+ 134.61		0.1627n		1330
	S	y	21 50 59.2		- 61.14		0.9250	1330
	S	y	22 5 13.4		- 76.92		0.9264	1330
	S	x	22 17 43.8	+ 103.56		9.7734n		1330
	S	y	22 28 38.0		- 101.71		0.9276	1330

Datum	B		WZ	ξ	η	lg($p_\xi \Delta$)	lg($p_\eta \Delta$)	*
1931 Februar 23	S	y	$22^h41^m44^s.1$		- 115″.93		0.9278	1330
	S	x	22 52 18.4	+ 74″.98		9.3426		1330
	S	y	23 2 55.0		- 138.34		0.9274	1330
	S	y	23 20 24.6		- 157.29		0.9264	1330
	S	x	23 29 34.8	+ 43.86		0.0379		1330
	S	y	23 39 42.4		- 177.38		0.9246	1330
	S	y	23 49 18.6		- 187.83		0.9234	1330
	S	x	23 58 56.0	+ 19.62		0.2450		1330
24	S	x	0 6 42.3	+ 12.93		0.2856		1330
	S	x	21 45 46.1	+ 188.78		0.0852n		1317
	S	x	23 16 22.2	+ 116.58		9.9566		1317
	S	y	23 33 33.0		- 527.97		0.9255	1317
	S	x	23 54 15.6	+ 86.30		0.2479		1317
27	S	y	22 10 47.2		+ 627.89		0.9306	1567
	S	x	22 26 16.8	- 433.21		8.9257		1567
	S	y	22 44 37.9		+ 600.18		0.9302	1567
	S	x	23 16 52.2	+ 16.88		0.1012		1565
März 2	S	x	21 28 4.6	- 216.28		9.9719n		1538
	S	y	21 40 4.0		+ 91.69		0.9314	1538
	S	x	21 54 17.0	- 231.50		9.5117n		1538
	S	y	22 16 51.9		+ 68.13		0.9323	1538
	S	x	22 29 23.1	- 252.18		9.6998		1538
	S	y	22 42 40.0		+ 53.18		0.9310	1538
	S	y	23 2 4.2		+ 40.33		0.9292	1538
	S	x	23 15 22.4	- 278.72		0.1937		1538
4	S	x	21 38 27.5	+ 67.88		9.6766n		1670
	S	y	21 47 43.7		- 9.72		0.9330	1670
	S	x	21 57 23.1	+ 58.21		8.4727n		1670
	S	y	22 9 26.7		- 20.58		0.9330	1670
	S	x	22 17 44.7	+ 47.65		9.6526		1670
	S	y	22 27 16.1		- 29.47		0.9322	1670
	S	y	22 38 35.7		- 35.43		0.9313	1670
	S	x	22 49 2.6	+ 31.73		0.0710		1670
	S	y	22 59 0.4		- 45.82		0.9290	1670
	S	x	23 11 53.9	+ 19.86		0.2295		1670
	S	y	23 21 11.3		- 57.17		0.9256	1670
	S	x	23 33 20.7	+ 8.78		0.3360		1670
6	S	y	22 0 36.9		- 334.45		0.9336	K433
	S	x	22 10 30.3	+ 160.11		9.6950		K433
	S	y	22 23 43.0		- 343.64		0.9323	K433
	S	y	22 41 59.4		- 351.26		0.9306	K433
	S	x	22 52 54.1	+ 141.97		0.1692		K433
15	S	x	21 17 58.1	+ 297.95		9.1972		1754
	S	y	21 31 3.2		- 6.39		0.9345	1754
	S	x	21 46 34.5	+ 295.34		9.9179		1754
	S	y	22 3 37.4		- 8.61		0.9318	1754
	S	x	22 13 55.7	+ 292.75		0.1633		1754

Datum	B		WZ	ξ	η	$\lg(p_\xi \Delta)$	$\lg(p_\eta \Delta)$	*
1931 März 15	S	y	$22^h24^m56^s0$		− 8″96		0.9287	1754
	S	x	22 44 22.2	+ 290″11		0.3287		1754
17	S	x	22 19 50.7	+ 47.17		0.2460		K426
	S	x	22 33 18.5	+ 47.24		0.3134		K426
18	S	x	20 56 48.8	+ 165.69		8.8353n		K426
	S	x	21 7 42.8	+ 165.96		9.2738		K426
	S	y	21 26 30.0		+ 440.36		0.9342	K426
	S	x	22 22 35.3	+ 167.74		0.2801		K426
	S	x	22 31 27.6	+ 167.78		0.3221		K426
26	S	x	21 44 16.2	− 15.03		0.2256		K435
	S	y	21 57 24.2		− 196.97		0.9260	K435
	S	x	22 8 38.2	− 7.14		0.3454		K435
28	S	y	20 23 29.7		+ 66.08		0.9342	1678
	S	x	20 34 0.7	+ 9.27		9.3156		1678
	S	y	20 46 28.9		+ 70.42		0.9337	1678
	S	x	21 0 23.5	+ 19.19		9.9160		1678
	S	y	21 10 51.4		+ 76.07		0.9318	1678
	S	x	21 22 26.8	+ 27.01		0.1246		1678
30	S	x	20 34 0.3	− 182.59		9.5481		1691
	S	y	20 45 0.4		− 280.94		0.9331	1691
	S	x	20 56 55.2	− 172.86		9.9488		1691
	S	y	21 10 30.2		− 274.03		0.9308	1691
	S	y	21 19 2.4		− 272.00		0.9298	1691
	S	x	21 29 30.7	− 159.13		0.2133		1691
	S	x	21 36 28.1	− 155.95		0.2527		1691
	S	y	21 47 36.5		−265.32		0.9250	1691
	S	x	21 58 49.4	− 146.25		0.3572		1691
April 4	S	x	19 59 6.9	+ 9.71		9.0838n		K462
	S	y	20 10 14.2		+ 25.70		0.9330	K462
	S	x	20 20 50.6	+ 21.76		9.5905		K462
	S	y	20 34 2.1		+ 32.69		0.9321	K462
6	S	x	19 41 1.2	+ 163.44		9.6186n		1587
	S	y	19 57 9.8		− 206.26		0.9327	1587
	S	x	20 13 57.4	+ 183.62		9.5550		1587
	S	y	20 34 53.2		− 194.79		0.9312	1587
	S	x	20 50 6.2	+ 205.49		0.0791		1587
	S	y	21 5 20.3		− 185.56		0.9278	1587
25	S	x	19 37 27.3	− 265.13		9.7622		1359
	S	y	19 50 17.4		− 16.55		0.9270	1359
	S	x	20 1 0.7	− 241.87		0.0512		1359

VERÖFFENTLICHUNGEN DER STERNWARTE BABELSBERG DER DEUTSCHEN AKADEMIE DER WISSENSCHAFTEN ZU BERLIN

Band XIII

Heft 1 HORST SCHMIDT
Photographische Photometrie von Sternspektren mit dem Interferenzmikroskop
1960. 48 Seiten — 56 Abbildungen — 10 Tabellen — 4° — DM 17,50 (vergriffen)

Heft 2 Mikrometermessungen von Doppelsternen in den Jahren 1956—1958
Bearbeitet von HORST PAUSCHER
1959. IV, 23 Seiten — 4° — DM 4,90 (vergriffen)

Heft 3 PETER NOTNI / HANS OLEAK
Die Bewegung eines rotierenden zylinderförmigen Satelliten in der Atmosphäre
2., unveränderte Auflage. 1960. 30 Seiten — 4 Abbildungen — 4° — DM 3,80

Heft 4 PETER NOTNI / HANS OLEAK
Die Rotation der Trägerrakete von Sputnik III (1958 δ_1)
2., unveränderte Auflage. 1960. 26 Seiten — 4 Abbildungen — 4 Tabellen — 4° — DM 3,40

Heft 5 PETER NOTNI / HANS OLEAK
Die Bewegung eines rotierenden zylinderförmigen Satelliten in der Atmosphäre. Teil II
1960. 45 Seiten — 8 Abbildungen — 4° — DM 5,20

Heft 6 HANS-JOACHIM FELBER
Die Bewegungsverhältnisse im Neptunsystem
1960. 79 Seiten — 3 Abbildungen auf 3 Tafeln — 4° — DM 10,80

Heft 7 Vorliegendes Heft

Bestellungen durch eine Buchhandlung erbeten

A K A D E M I E - V E R L A G · B E R L I N

Geschichte des Fixsternhimmels

enthaltend die Sternörter der Kataloge des 18. und 19. Jahrhunderts

Herausgegeben vom Astronomischen Recheninstitut der Deutschen Akademie der Wissenschaften
zu Berlin

Abteilung II — Der südliche Sternhimmel

Band 20 **19^{h} Rektaszension.** Bearbeitet von GERHARD FELSMANN
1. Lieferung: 0^{m}—$25^{m}\ 59^{s}$
1960. XVI, 200 Seiten — 4° — DM 42,50

Band 21 **20^{h} Rektaszension.** Bearbeitet von MARTIN LANGE
1. Lieferung: 0^{m}—$25^{m}\ 59^{s}$
1959. XV, 188 Seiten — 4° — DM 41,—

Band 22 **21^{h} Rektaszension.** Bearbeitet von GERHARD FELSMANN
1. Lieferung: 0^{m}—$25^{m}\ 59^{s}$
1957. XIV, 165 Seiten — 4° — DM 40,—

Band 22 **21^{h} Rektaszension.**
2. Lieferung: 26^{m}—59^{m}
1958. 202 Seiten — 4° — DM 42,—

Band 23 **22^{h} Rektaszension.** Bearbeitet von JULIUS DICK
1. Lieferung: 0^{m}—$25^{m}59^{s}$
1956. XIV, 146 Seiten — 4° — DM 39,—

Band 23 **22^{h} Rektaszension.**
2. Lieferung: 26^{m}—59^{m}. Bearbeitet von IRMGARD MEISTER
1958. VI, 182 Seiten — 4° — DM 29,50

Band 24 **23^{h} Rektaszension.** Bearbeitet von JULIUS DICK
1. Lieferung: 0^{m}—$25\overset{m}{.}0$
1952. XIV, 64 Seiten — 4°
2. Lieferung: $25\overset{m}{.}1$—59^{m}
1955. 90 Seiten — 4° — Beide Lieferungen zusammen DM 130,—

Bestellungen durch eine Buchhandlung erbeten

A K A D E M I E - V E R L A G · B E R L I N

MIX
Papier | Fördert gute Waldnutzung
FSC® C083411

Zeitfracht Medien GmbH
Ferdinand-Jühlke-Straße 7
99095 Erfurt, Deutschland
produktsicherheit@kolibri360.de